Marion Leinweber

SO VERSTEHT DICH DEIN HUND

Körpersprache
in der Hunde-
erziehung richtig
einsetzen

Inhalt

DIE KÖRPERSPRACHE
IN DER PRAXIS 56

Eine wunderbare Beziehung

Schon vor 30.000 Jahren schloss sich der Wolf dem Menschen an. In diesem Verbund, getrennt von seinen wilden Vorfahren und durch gezielte Züchtungen, entstand der Haushund. 30.000 Jahre sind eine lange Zeit. Sie hatten Veränderungen in der Anatomie, der Physiologie und im Verhalten des Hundes zur Folge, der sich zu einem wichtigen Begleiter des Menschen entwickelte. Aus der Beziehung zwischen dem Menschen und seinem Vierbeiner wurde eine soziale

Partnerschaft. Beide Seiten leben miteinander, sie bewirken beim Partner Gefühle und beeinflussen sich durch ihr Handeln gegenseitig.

In einer solch engen Verbindung gibt es unbestreitbar mehr als das Erlernen von Kommandos, Füttern, Arztbesuchen und Gassirunden. Das Bedürfnis nach einem Gefühl der Zugehörigkeit sowie Liebe besteht auf beiden Seiten und beruht auf einem gegenseitigen Geben und Nehmen. Um das zu erreichen, hat der Hund im Laufe der Jahrtausende Fähigkeiten entwickelt wie kein anderes Tier auf dieser Welt. Nicht einmal unsere engsten Verwandten, die Affen, sind in der Lage, uns so gut zu lesen wie der Hund. Blicke, Handzeichen, Bewegungen, Mimik und auch unsere Stimme werden von ihm interpretiert und liefern ihm Informationen über unser Tun, ohne dass wir es ihm explizit beibringen müssen. Manches Mal ist der Mensch erstaunt über Reaktionen und Handlungen seines Vierbeiners. Tatsächlich nimmt der Hund feinste Veränderungen von uns wahr, die uns selbst gar nicht bewusst sind – und reagiert darauf.

Absicht dieses Buches

Dieses Buch soll kein Erziehungsratgeber sein. Vielmehr erhalten Sie einen Einblick in die Vielfalt der Eindrücke, die Hunde von uns haben. Was sehen sie, wenn sie uns sehen? Wie interpretieren sie das, was sie von uns wahrnehmen? Wie könnten sie darauf reagieren?

Jeder Hund ist ein Individuum mit seinem eigenen Charakter, seinen eigenen Ideen und Einfällen, da steht er dem

Menschen in nichts nach. Das ist es, was das Leben mit ihnen so einzigartig und wunderbar macht – einerseits. Andererseits ist das Zusammensein aus diesem Grunde nicht immer planbar und fordert uns als Sozialpartner, der sich in dieser Menschenwelt besser auskennt, manches Mal heraus. Anhand von Übungsvorschlägen erhalten Sie die Möglichkeit, die Sichtweise und Interpretationen Ihres eigenen Hundes zu erfahren. Zusätzlich erhalten Sie Ideen, viele Alltagssituationen entspannter bewältigen zu können. Achten Sie bitte bei den Übungen auf ein ruhiges Umfeld, um unliebsame Überraschungen durch unerwartete Reaktionen zu verhindern. Dieses gilt ganz besonders, wenn Sie sich über die Reaktionen Ihres Vierbeiners nicht sicher sind. Verkehr, Fußgänger, Artgenossen und andere Tiere oder auch laute Geräusche können eine zu starke Ablenkung sein bzw. für Schreckmomente sorgen. Klappt es nicht gleich – haben Sie Geduld. Manchmal will gut Ding lang Weile haben.

Ich wünsche Ihnen viel Spaß beim Lesen des Buches und beim Umsetzen der Übungen.

Ihre Marion Leinweber

DIE FACETTEN IM MITEINANDER

Kommunikation – was ist das überhaupt?

Eine gute Verständigung zwischen Gesprächspartnern ist wichtig. Aber wie geschieht das genau?

Kommunikation entsteht durch den Austausch von Informationen (Signale), die von uns wahrgenommen werden können. Dieses geschieht durch unsere Sinne wie Hören, Sehen, Riechen, Schmecken und Fühlen.

Kommunikation ist Interpretationssache. Auch wenn mehrere Menschen das Gleiche wahrnehmen, werden sie es unterschiedlich auffassen. Als kleines Beispiel soll uns eine Person dienen, die allein in einem Raum steht, den wir gerade betreten. Dieser Mensch starrt vor sich hin. Was würde Ihnen in diesem Moment durch den Kopf gehen? Dass er müde ist? Dass er Langeweile hat? Dass er über etwas nachdenkt? Würde sich etwas an Ihrem Gedanken ändern, wenn ich Ihnen sage, dass seine Haltung aufrecht wäre mit hochgehaltenem Kopf? Oder wenn er mit seinen Füßen wippen würde? Was, wenn er die Hände hinter dem Kopf verschränkt hätte oder, ganz anders, ein Buch vor sich halten würde?

Wir sehen alle die gleichen, verschiedenen Signale, die von diesem Menschen ausgehen. Und doch interpretiert jeder von uns anders, bewertet individuell.

Anhand eines kleinen und einfachen Spiels lässt sich dies intensiv erfahren. Für dieses Spiel sollten Sie bestenfalls mehrere Teilnehmer sein. Sehen Sie sich die einfachen Formen in der Grafik auf

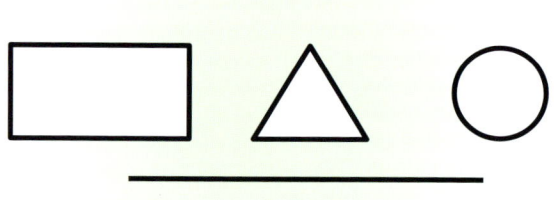

Einfache Grundformen werden bei dem Gruppenspiel miteinander kombiniert. Ihre Maße sind dabei veränderbar.

Seite 10 an: Kreis, Rechteck, Gerade, Dreieck. Diese können in ihren Ausmaßen variieren, bleiben jedoch immer die gleichen Grundformen.

Für die nächsten zwei Zeichnungen werden diese Formen zusammengeführt, sodass sich einfache Kombinationen ergeben (die beiden dargestellten Grafiken sind Vorschläge, gerne können Sie auch leichtere oder kompliziertere Kombinationen zeichnen):

Lediglich einer der Teilnehmer sieht die Zeichnungen. Er erläutert den anderen, was er sieht, sodass diese die Bilder nachzeichnen können.

Eines ist gewiss: Es entwickeln sich die unterschiedlichsten Kunstwerke auf dem Papier. Mag sich der Erklärende noch so Mühe geben, die paar Striche zu beschreiben, die er sieht, und mögen die Zuhörer noch so viel nachfragen und mitzeichnen – es kommen immer die verschiedensten Ergebnisse dabei heraus.

INFO

....

Nicht immer ist das, was ich sage, auch das, was der andere versteht. Und nicht immer ist das, was ich verstehe, auch das, was der andere mir sagen möchte.

....

Wir alle nehmen das Gleiche wahr, wir hören die gleichen Worte und sehen die gleichen Bewegungen der Hände, die versuchen, das Gesagte noch besser zu erläutern. Und trotzdem kommen ungleiche Ergebnisse heraus, da wir unterschiedlich interpretieren. Denn wir sind Individuen, niemand ist eine Kopie des anderen, selbst eineiige Zwillinge variieren in ihrem Charakter, mögen sie sich sonst noch so sehr ähneln.

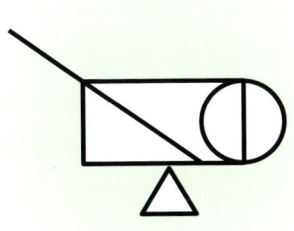 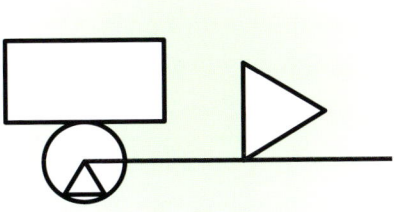

Eine Idee für das Zusammenfügen von Rechteck, Kreis, Dreieck und einem Strich kann die linke Kombination sein .... oder die rechte.

Konditionierte und freie Signale

Konditionierung bedeutet, dass man lernt, auf etwas, das man wahrnimmt, auf eine bestimmte Weise zu reagieren. Am Beispiel eines erhobenen Arms lässt es sich gut darstellen.

Konditionierung durch Lebenserfahrung

Im Laufe des Lebens macht jeder Hund seine ganz eigenen Erfahrungen, die dazu führen, dass er die Informationen, die er wahrnimmt, individuell bewertet. Dementsprechend können die Reaktionen auf eine bestimmte Information ganz unterschiedlich ausfallen. Um es besser verdeutlichen zu können, wieder ein Beispiel:

Man stelle sich zwei Hotelanlagen vor, direkt am Meer. Der Besitzer von Hotel A hat festgestellt, dass Touristen ganz verzückt sind beim Anblick von Hunden, die zutraulich sind und sich gerne streicheln lassen. Um das zu fördern, füttert er die freilaufenden Hunde, indem er ihnen immer wieder Futter zuwirft. Diese Hunde lernen, dass ein erhobener Arm Futter verspricht und werden sich im Laufe der Zeit gerne auf dieses Signal hin Menschen nähern. Der Besitzer von Hotel B hingegen kann Hunde nicht ausstehen. Er bewirft sie mit allem, was ihm gerade in die Hände kommt, sobald er sie sieht. Diese Hunde lernen im Gegensatz zu den Hunden von Hotel A, dass ein erhobener Arm nichts Gutes verspricht und werden beim Anblick eines solchen Reißaus nehmen. In diesem Hotelbeispiel haben die Hunde durch Lebenserfahrungen gelernt, auf einen erhobenen Arm sehr unterschiedlich zu reagieren.

Konditionierung durch Training

Mithilfe von Training ist es möglich, dass ein Hund aufgrund eines festgelegten Signals hin ein bestimmtes Verhalten zeigt. Fast jeder Hundebesitzer kennt die Faust mit dem ausgestreckten Zeigefinger, dieses Signal zeigt dem Vierbeiner, dass er sich hinsetzen soll. Je nach Aufbau des Trainings variiert das Sitzen in seiner Schnelligkeit, in seiner Dauer und in der Sicherheit bei verschiedenen Ablenkungen.

Ein erhobener Arm kann ebenfalls ein konditioniertes Signal sein. Das gewünschte, hierauf zu erfolgende Verhalten ist unterschiedlich, je nach Wunsch des Hundehalters – mal gilt es als Stopp-Signal, bei anderen als ein Rückruf auf weite Entfernung.

Freie Signale

Selbstverständlich gibt es sehr viele Signale, die von uns ausgehen und die nicht durch Konditionierung – ob durch das Leben oder Training erlernt – „belegt" sind. Für einen Hund, der entsprechend keine Erfahrungen mit einem erhobenen Arm gemacht hat, ist dieses Signal also frei von jeder Bedeutung.

Dieses Buch handelt von genau diesen freien Informationen. Tatsächlich konnte ich im Laufe der Jahre eine Art Grundregeln feststellen, nach denen Hunde unsere Signale deuten können. Allerdings sind sie, da nicht fest belegt durch Konditionierungen, sozusagen „beweglich" in den Interpretationen. Es ist wie bei unserem Spiel mit den gezeichneten Grundformen: Es gibt

immer Variationen. Weshalb es dann doch eine feste Grundregel gibt, die da heißt: Nichts ist in Stein gemeißelt.

Die Berücksichtigung und Nutzung der Körpersprache und das Trainieren von Kommandos sind kein Widerspruch an sich. In meinen Augen sind einige gut erlernte, konditionierte Signale (Kommandos) wichtig, ja überlebenswichtig für unsere Hunde im Alltag. Hierzu zähle ich einen wirklich gut trainierten Rückruf, ein sicheres „Parken"-können des Hundes (ob es ein Sitzen oder Hinlegen sein soll ist Geschmackssache) aus jeder Lebenssituation und eine gute Leinenführigkeit. Der Einsatz freier Signale ersetzt sie dementsprechend nicht. Umgekehrt allerdings wird ebenfalls ein Schuh draus: Die Anwendung von Kommandos ist kein Ersatz für ein soziales Miteinander.

Menschen und Hunde haben sich gemeinsam zu einer engen, sozialen Verbindung entwickelt.

Die vier Eckpunkte

Hunde sind, wie sie sind. Sie haben grundsätzliche Bedürfnisse und Lebensweisen, die über Futter & Co. hinausgehen – unabhängig von der Rasse, dem Geschlecht oder dem Alter.

Das Interpretieren unserer Körpersprache ist nicht allein abhängig von ihrer perfekten Ausführung oder den Erfahrungen des Hundes. Einen ebenfalls großen Einfluss haben die Rahmenbedingungen, unter denen sie wahrgenommen werden. Dieser Rahmen wird gestaltet durch die Umgebung, das Geschehen drumherum und denjenigen, von dem die Signale ausgehen. Welche Komponenten unsererseits spielen für Hunde unter Umständen eine so große Rolle, dass sie ausschlaggebend sein können für seine Handlung?

Körperspannung

Das Wort „Körperspannung" bewirkt bei vielen Menschen ein leicht ungutes Gefühl, schnell kommen Assoziationen von Ruppigkeit oder Dominanz, aber auch von Affektiertheit oder Hochnäsigkeit auf. Tatsächlich ist sie etwas vollkommen Alltägliches: Sobald wir uns in einer aufrechten Position befinden, benötigen wir eine gewisse Körperspannung bzw. Körperhaltung. Die angespannten Muskeln verhindern, dass wir in uns zusammensacken oder gar umfallen, und sie halten uns somit aufrecht.

Nicht nur für die Körperhaltung ist eine Körperspannung wichtig. Menschen, die gebeugt gehen oder gar scheinbar in sich zusammengefallen durch die Gegend „schlurfen", wirken auf ihre Mitmenschen anders als diejenigen, die aufrecht und mit erhobenem Kopf unterwegs sind. Sprich, wir nehmen die Körperspannung anderer unbewusst wahr, interpretieren sie entsprechend und stellen vielleicht sogar unser Verhalten auf das Gegenüber ein. Wir kommunizieren somit nonverbal.

Wie sich das ganz praktisch äußern kann, möchte ich mit einem Erfahrungsbericht verdeutlichen.

Wie jeden Freitagabend erledigte ich meinen großen Wochenendeinkauf in einem Supermarkt meines Wohnortes, und es hatte den Anschein, dass der halbe Ort die gleiche Idee hatte.

Zumindest war dies mein Eindruck, denn es war mühselig, durch die vielen drängelnden Menschen beispielsweise an das Obst und Gemüse zu gelangen.

Eigentlich hatte ich noch vor, weiterzugehen und die Posten auf meinem Einkaufszettel abzuarbeiten. Tatsächlich aber kam ich keinen Schritt weiter, es schien, als ob sich jeder der anderen Kunden vor meinem Einkaufswagen tummelte. Meine Stimmung war auf dem absoluten Tiefpunkt, ich hatte Hunger und zusätzlich auch noch Kopfschmerzen.

Da stand ich nun, hielt mit beiden Händen den Einkaufswagen fest und kam keinen Schritt voran. Einfach losschieben wollte ich nicht, denn ich wollte nicht so unhöflich sein und anderen meinen Einkaufswagen gegen die Beine stoßen, allerdings erntete ich manch genervten Blick, weil ich schlicht und einfach im Weg stand. Was nun?

Plötzlich schoss mir ein Gedanke durch den Kopf, ein Satz, den ich schon häufig meinen Hundekunden gesagt hatte: „Zeig, was du vorhast." Also gut, was hatte ich vor? Ich wollte den großen Gang entlang, an dessen Anfang ich stand. Also richtete ich mich ein bisschen gerader auf, heftete meinen Blick auf das Ende des Ganges und setzte langsam, aber stetig einen Fuß vor den anderen, immer darauf bedacht, sofort stehen zu bleiben, sollte jemand doch wieder vor meinen Einkaufswagen hasten.

Der Effekt war enorm! In den Augenwinkeln sah ich, wie die anderen Kunden mich nur unbewusst

bemerkten und trotzdem automatisch kurz innehielten, um mich vorbei zu lassen; sie bemerkten gar nicht, was sie oder ich gerade taten. Lediglich ein Mann war so auf seinen Einkaufszettel konzentriert, dass er nichts um sich herum wahrnahm, er rannte fast gegen andere, wenn diese nicht aufpassten. Ich hielt kurz an, um ihn vorbei zu lassen, und setzte danach meinen Weg fort. Einfach so.

Hunde sind uns hier meilenweit überlegen: Sie tauschen untereinander Informationen mithilfe ihrer Körpersprache und -spannung aus. Die Stimmung von Artgenossen zu erkennen ist wichtig, um den richtigen Spielpartner zu finden oder Konflikte zu vermeiden. So lassen sich am Beispiel der Hundeschnauze schon viele Varianten erkennen: Ist sie geöffnet oder geschlossen? Sind die Schnauzenwinkel angespannt, und wenn ja, sind sie nach vorne geschoben oder nach hinten geschlitzt? Wie sehen die Lefzen aus, sind sie hochgezogen oder locker? Wie ist der Nasenrücken dabei, ist er glatt oder gekräuselt? Und wohin stehen die Tasthaare?

Die Schnauze ist nur ein Beispiel von vielen. Letztendlich geht es um das Zusammenspiel des gesamten Körpers, denn bei weitem nicht immer zeigen alle Körperteile die gleiche Anspannung. Auch wir zeigen selten eine übergroße Körperspannung vom Scheitel bis zur Sohle. Stattdessen geschehen ein Anheben des Kinns, das Anspannen einer Hand, das kurzzeitige Stehen auf einer Ferse, das Straffen der Schultern oder ein Verziehen der Mundwinkel eher unbemerkt für uns Menschen. Unsere Hunde jedoch nehmen es wahr und deuten es so, wie sie es immer tun, nämlich als: **Achtung, wichtig!**

Betrachten Sie die drei Fotos der Hand genauer (siehe unten): Entdecken Sie Unterschiede? Beim genaueren Hinsehen ist auch für uns Zweibeiner gut zu erkennen, dass es tatsächlich große Differenzen aufgrund der Muskelanspannung gibt. Welch starke Wirkung muss es dann erst auf unsere Hunde haben!

Muskelanspannungen wirken für unseren Hund wie eine Betonung auf eine bestimmte Bewegung oder Körperhaltung, da sie ihm verstärkt ins Auge fallen. Sie haben für ihn in dem Moment mehr Gewicht als alles andere, was er sonst von uns wahrnimmt. Durch unsere unbewussten Anspannungen führen wir unsere Hunde deshalb manches Mal versehentlich in die Irre.

TIPP
. . . .
Der bewusste Einsatz von Körperspannung ermöglicht es, sich sehr fein dem Hund gegenüber auszudrücken. Ohne übertriebene Gesten oder Körperhaltungen lassen sich leichte Betonungen bewusst setzen.
. . . .

Nähe, Enge und Druck

Die meisten Hunde lieben es, gestreichelt zu werden, mit uns zu kuscheln oder gar übereinander liegend auf dem Sofa zu sein mit uns. Und ist es für uns nicht herrlich entspannend, die Wärme des Vierbeiners zu spüren und ihm sacht über das Fell zu streicheln?

Was in einer entspannten Situation als wunderbar empfunden wird, kann

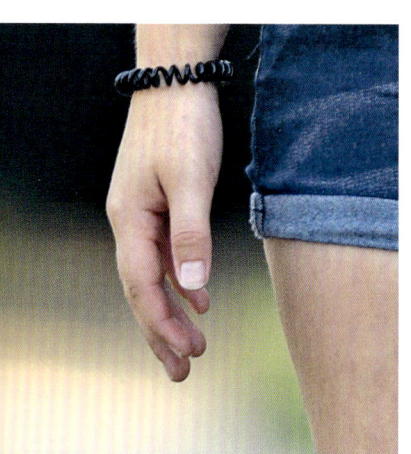

Diese entspannte Hand hängt locker herunter.

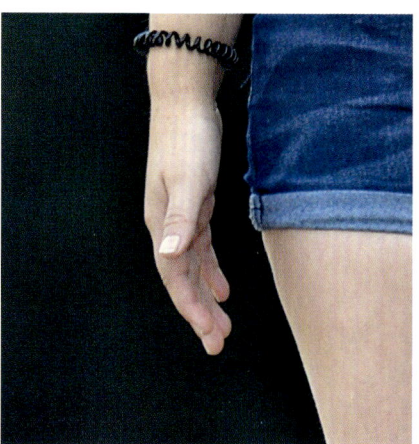

Diese Hand weist, bei gleicher Haltung, eine leichte Anspannung auf.

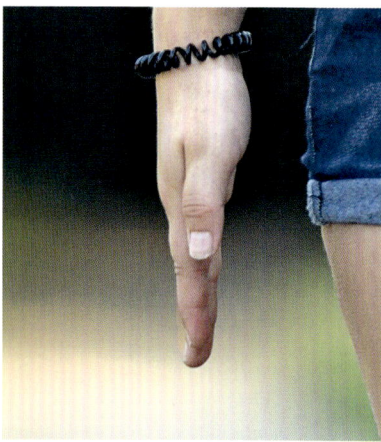

Erneut die gleiche Haltung, jedoch mit deutlich angespannten Muskeln und dadurch gestreckten Fingern.

in einem anderen Moment schlicht und einfach störend wirken. Wer seinen Hund mit ins Büro nimmt, wird zwar trotz seiner Arbeit Lust haben, mit seinem Hund zu kuscheln – allein die Situation verhindert es, Kuscheln wäre völlig fehl am Platz. Abgesehen von einem kleinen Streichler hier und da ist man wahrlich mit anderen Dingen beschäftigt. Was würde geschehen, wenn der Hund jetzt pausenlos hinter einem herlaufen würde, weil er kuscheln möchte? Wahrscheinlich würde man ihn zu Beginn erst leicht abwehren, um ihn dann irgendwann genervt in sein Körbchen zu schicken. Es wäre schlicht und einfach nicht der passende Moment fürs Miteinander.

Für den Hund wiederum tobt draußen regelrecht das Leben. An jeder Ecke lässt sich etwas Neues entdecken, Nase, Ohren und Augen haben alle Hände voll zu tun. Dass es den Hund da nervt, bekuschelt zu werden, versteht sich fast von selbst. Auch hier wäre es ganz deutlich ein vollkommen unpassender Moment.

Jedoch, wie bei jedem Entweder-oder, liegen viele Varianten dazwischen. So auch bei der Kuschelzeit und dem Lass-mir-meine-Ruhe-Moment. Meistens befinden wir uns eher in einem Modus, der zwar nicht besonders spannend, aber eben auch nicht wirklich entspannt ist. Nehmen wir als Beispiel ein einfaches Gespräch, bei dem man sich locker austauscht. Es gibt Menschen, die im Laufe einer Unterhaltung ihrem Gesprächspartner sehr nah kommen. Häufig sind es nur ein paar Zentimeter, die einen innerlich unruhig werden lassen, so richtig kann man diese Unruhe auch gar nicht erklären, und doch geht es uns allen so: in so einem Moment rücken wir automatisch ein bisschen von unserem Gegenüber ab. Sollte er dann den Abstand wieder zu sehr verringern, sind wir bemüht, ihn wieder zu vergrößern, vielleicht sogar ein bisschen mehr als vorher, immer in der Hoffnung, dass er doch bemerkt, wie unangenehm es uns ist.

Unsere Hunde sind empfindsame Seelen, gerade was Distanz angeht. Auch bei ihnen können nur wenige Zentimeter ein leichtes Unbehagen auslösen, welches sie versuchen, zu umgehen. Sie machen es auf ihre eigene, häufig sehr unauffällige Art, die, wenn man genauer hinsieht, der unseren sehr ähnelt. So ist es uns manches Mal nicht bewusst, dass sie sich zurückfallen lassen, uns minimal ausweichen oder einfach nur abwarten, weil es ihnen ein kleines bisschen zu eng geworden ist. Das kann ausgelöst werden durch eine kleine unbewusste Bewegung gegen sie, einen eindringlichen Blick oder eine leichte Anspannung. Tatsächlich ist es selten etwas Dramatisches oder gar Schlimmeres, es ist eher diese innere Unruhe, die wir auslösen und die unser Hund bemüht ist, zu beenden.

Es reicht übrigens für eine Kommunikation bereits aus, den „Gesprächspartner" in irgendeiner Form wahrzunehmen, wie folgender Spruch so schön verdeutlicht: „Man kann nicht nicht kommunizieren!"

Oppositionsreflex

Welch großes Wort: „Oppositionsreflex". Tatsächlich handelt es sich lediglich um einen Muskelreflex, der in jedem von uns steckt. Er lässt sich ganz einfach testen:

Lassen Sie sich von einer anderen Person leicht gegen eine Schulter drücken oder an einem Arm ziehen. Statt umzufallen halten Sie automatisch dagegen, Sie ziehen oder drücken ebenfalls, allerdings in die entgegengesetzte Richtung. Dieser Reflex wird unbewusst ausgeführt und sorgt dafür, dass wir in unserer Position bleiben und nicht umfallen. Mutter Natur hat uns da eine praktische Sache mitgegeben, denn ohne nachzudenken ist es uns möglich, unserer bisherigen Beschäftigung nachzukommen.

Wen wundert's: Hunde haben diesen Reflex ebenfalls, sie halten bei Druck mit einem Gegendruck dagegen. Das bedeutet, dass in dem Moment, in dem wir unseren Hund mit der Leine zu uns ziehen – sei es, weil er an etwas nicht herankommen soll oder wir einfach nur weitergehen wollen – er geradewegs dagegenhält. Und sich somit punktgenau von uns wegbewegt. Jetzt findet eher ein Gegeneinander statt eines Miteinanders statt.

Wie geht es weiter? Im Anschluss kann sich die Situation unterschiedlich entwickeln und ist abhängig von der inneren Motivation des Hundes. Ist das eigentliche Ziel für ihn nicht wichtig genug, gibt er nach seinem Gegendruck nach. Ist seine innere Motivation jedoch erhöht, wird er seinen Gegendruck verstärken, weil seine Vorfreude auf sein eigentliches Ziel höher ist als das unangenehme Gefühl des Leinenzugs. Diese Vorfreude aber löst eine innere Reaktion aus, es werden Hormone freigesetzt, die ihn darin bestärken, noch vehementer zu seinem Ziel zu kommen. Was in der Natur dafür sorgt, auch eine längere oder schwierigere Jagd tapfer durchzuhalten, um doch noch die überlebenswichtige Nahrung zu erhalten, sorgt in diesem Moment zu einer Verstärkung des momentanen Verhaltens: das Ziehen. Nicht nur, dass dieses Verhalten definitiv unerwünscht ist. Seine Wahrnehmung wendet sich deutlich von uns ab und Signale von unserer Seite her können nicht mehr bemerkt werden.

Verneinungen

Bitte denken Sie jetzt in diesem Moment nicht an ein rosa Kaninchen.

Und, hat es geklappt? Natürlich nicht im ersten Moment, aber wie ist es jetzt? Wieder nicht?

Das Verzwickte an Verneinungen ist, dass die Konzentration sich genau auf das fokussiert, was durch die Verneinung häufig vermieden werden soll.

Während der Vorbereitung einer Trainingsstunde unterhielt ich mich mit einer Kollegin über dieses Thema. Sie hielt plötzlich inne, schaute mich ganz verdutzt an und dann brach aus ihr der Satz „Dann bin ich die ganze Zeit ja selber schuld!" heraus. „Ich liebe Schokolade in jeder Variation, mit Ausnahme von Nougat. Und genau das habe ich meiner Mutter gefühlte tausendmal gesagt: `Bitte bring mir keine Nougatschokolade mit. Es kann jede Schokolade sein, nur eben keine Nougatschokolade. ´ Und, was brachte sie mir immer mit? Nougatschokolade!"

Verneinungen führen das Augenmerk auf genau das, was unerwünscht ist. Hätte die Kollegin ihrer Mutter mitgeteilt, dass sie gerne Haselnussschokolade oder Schokolade mit Krokant mag, hätte sie über all die Jahre ihren Freundeskreis nicht mit Nougatschokolade beglücken müssen. Oder, mit anderen Worten: Verneinungen bewirken häufig das Gegenteil dessen, was eigentlich angedacht ist.

Hundetrainer kennen folgendes Phänomen: Der Satz „Halte die Leine nicht so kurz" veranlasst prompt jeden Halter, die Leine weiter zu kürzen. Da wird in die Leine gegriffen oder gewickelt, oder aber die Hand schnellt so hoch in die Luft, dass die Leine stramm wird und der Vierbeiner im Halsband hängt. „Gib der Leine mehr Länge" richtet stattdessen den Fokus exakt auf das Gewünschte, das Training kann flüssig weiter verlaufen. Hier kommt eine Art Gegenmodell der Verneinung zum Einsatz, eine Alternative, mittels der die Konzentration exakt das erfasst, das gerade erforderlich ist.

Sollten wir also grundsätzlich Verneinungen vermeiden und nur Alternativen anwenden? Ich denke nicht. Wie immer kommt es auf den Moment an, auf die Umstände, die gerade wichtig sind. Im oben genannten Beispiel verläuft das Training erst einmal ohne Irritationen, sodass das Training angenehm verlaufen kann. Zum Ende hin gibt es allerdings die Möglichkeit, auf die Nachteile einer zu stark verkürzten Leine hin zu weisen und den sauberen Ablauf der Übungen mittels der Alternative hervorzuheben.

Fragen Sie sich nun, was das Thema mit unserer Kommunikation mit dem Hund zu tun hat? Auch unsere Vierbeiner werden von Verneinungen beeinflusst. Geht uns der Gedanke „Geh da nicht hin" durch den Kopf, so sieht die Reaktion unseres Hundes entsprechend anders aus, auch dann, wenn wir denken, dass unser Handeln unseren Wunsch eigentlich unterstützt. Gute Alternativen wären in diesem Fall beispielsweise „Geh dorthin" oder „Komm mit mir".

Wenn du der Leine mehr Länge gibst und sie nicht so kurz nimmst, kommt dein Hund besser mit.

Halte die Leine nicht so kurz.

Gib der Leine mehr Länge.

Langfristige Lösung   Lösung für den kurzfristigen Moment

Die Körpersprache der Hunde

Die Körpersprachen von Hund und Mensch ähneln sich auf den ersten Blick sehr. Umso interessanter ist es, die Unterschiede zu kennen und zu erkennen.

„Das gibt's doch nicht, ich bekomm ihn einfach nicht scharf!" Wie waren mitten in einem Fotoshooting für dieses Buch. Labrador Marley und ich standen ca. drei Meter voneinander entfernt und sahen uns an. Marley hatte die Aufgabe, direkt zu mir zu kommen, was er auch unermüdlich wieder und wieder mit seinem gut gelaunten Naturell tat. Wir standen in einem ordentlichen Abstand von der Fotografin entfernt, die die Übung auf ihr digitales Zelluloid zu bannen versuchte. Eigentlich stimmte alles: Die Schärfe war auf die richtige Entfernung eingestellt, das Licht war perfekt, die Übung lief wie am Schnürchen ab. Und doch rutschte Marley auf seinem Weg zu mir jedes Mal aus dem Schärfebereich raus.

Hunde sind meiner Meinung nach höfliche Tiere. Sofern sie ein intaktes Sozialverhalten haben, sind sie grundsätzlich bemüht, Konflikte nicht zu sehr eskalieren zu lassen. Ja, manch einem ist es wichtig, Auseinandersetzungen schon im Ansatz abzuwenden. So könnte beispielsweise ein direktes aufeinander Zugehen als Konfrontation missverstanden werden. Marley beugte diesem eventuellen Missverständnis vor, indem er auf dem Weg zu mir einen leichten Bogen schlug. Der Bogen war recht klein, höchstens zwanzig Zentimeter wich er dabei unterwegs von seinem eigentlichen Weg ab, er wurde aber trotz der großen Entfernung von der Kamera gnadenlos entdeckt.

Hündische Kommunikation

Kommunikation darf man als eine Brücke zwischen Individuen verstehen, über die Informationen geschickt werden. Diese geben Auskunft über den eigenen emotionalen Zustand und Absichten. Mit ihnen werden innere Konflikte, aber auch Unsicherheiten, Imponierverhalten und auch Aggression gezeigt, oder sie werden genutzt, um Konfliktsituationen zu vermeiden bzw. abzubrechen.

Was letztendlich als Konfliktsituation bewertet wird, liegt immer im Auge des Betrachters, in diesem Fall also beim jeweiligen Hund. So gibt es eher vorsichtige Vierbeiner und auch die draufgänge-rischen Charaktere – überwiegend liegt die Persönlichkeit irgendwo dazwischen. Hinzu kommen Erfahrungswerte, deren Wirkung nicht zu unterschätzen sind: Denn wer mehrfach erleben durfte, dass gewisse Signale die schlechte Laune von Artgenossen abmildern, wird diese häu-figer einsetzen, sofern es ihm wichtig erscheint.

INFO

....

Hunden verständigen sich nicht nur mit-tels der Körpersprache, sondern nutzen auch Geruch und Laute. Dieser Teil des Buches gibt Ihnen einen kleinen Einblick in die Körpersprache des Hundes.

....

Körpersprachliche Ausdrucksweise

Hunde „lesen" am gesamten Körper des Gegenübers. Nicht nur die einzelnen Körperteile wie Augen, Ohren, Schnauze und Rute sind wichtig, auch Fell und die gesamte Körperhaltung zählen dazu.

Dass es hier zu Missverständnis-sen kommen kann, macht folgendes deutlich: Bei einigen Rassen hat sich deren Erscheinungsbild aufgrund ihrer jeweiligen Verwendung zuchtbedingt verändert. Ihr Äußeres weicht hierdurch teilweise von dem ab, was für die hunde-typische Kommunikation die Grundlage bildet. Ein gutes Beispiel hierfür ist die Rute: Ringelschwänze erscheinen durch ihre erhobene Haltung selten entspannt; bei anderen Rassen wie den Windhun-den wiederum wird sie rassetypisch auch in Entspannung nach unten gehal-

Dieser Hund zeigt eine entspannte Haltung: Die Rute hängt locker, der Körperschwerpunkt ist mittig, die Ohren und Augen sind nur leicht interessiert nach vorne gerichtet.

ten oder sogar zwischen die Hinterbeine geklemmt. Auch die Veränderungen der Kopfform durch verkürzte Schnauzen oder große, runde Augen können dazu führen, dass Hunde dies falsch interpretieren. Dies ist ganz besonders der Fall, wenn keine Erfahrungswerte mangels Kontakt mit den entsprechenden Hunderassen gesammelt wurden.

Entsprechend fällt es uns Zweibeinern nicht leicht, die Körpersprache des Hundes richtig zu deuten. Im Folgenden führe ich verschiedene Bereiche zusammen, die uns das „Lesen" seiner Körpersprache erleichtern. Aus ihnen ist dann **insgesamt** zu erkennen, was der Hund gerade aussagt.

Wie oben bereits angedeutet, ist das Kommunikationsrepertoire der Vier-

beiner riesig, darum stelle ich zunächst mögliche körpersprachliche Signale allgemein vor. Um dann letztendlich ein konkretes hündisches Verhalten richtig deuten zu können, müssen im ersten Schritt die Emotionen des Tieres in diesem Moment erkannt werden, denn diese sind die Grundlagen von Verhalten.

Die einzelnen Signale der Hunde

Von der Nasen- bis zur Schwanzspitze wird bei der körpersprachlichen Kommunikation alles genutzt, was zu bewegen und somit veränderbar ist. Und das ist eine ganze Menge. Aus dieser Vielzahl werden in der Tabelle auf Seite 25 die Signale näher betrachtet, die dem Beobachter schnell ins Auge fallen.

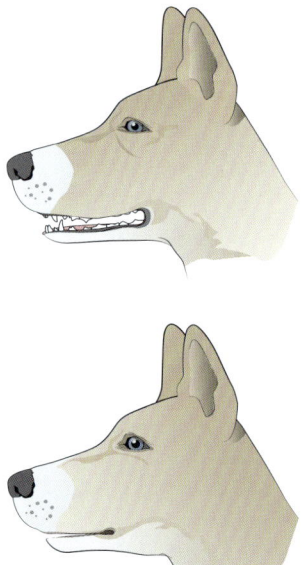

Das Öffnen oder Schließen der Lefzen und deren Länge werden vielseitig miteinander kombiniert.

Zwei verschiedene Rutenstellungen als Beispiel von vielen Optionen.

Emotionen der Hunde erkennen

Die hündische Körpersprache ist vielfältig und mag auf den ersten Blick verwirrend erscheinen. Ein zweiter Blick lässt „Grundregeln" erkennen. Sie erleichtern es, Hunde schneller und besser lesen zu können.

GRUNDSÄTZLICHE TENDENZ

Es lässt sich gut erkennen, in welche Richtung ein Hund emotional tendiert. Und das darf tatsächlich wortwörtlich verstanden werden: Sein Interesse kann nach vorne, nach hinten oder auch zur Seite gerichtet sein. Besonders gut zu erkennende Indikatoren sind die Rutenhaltung, Gewichtsverlagerung des gesamten Körpers, die Haltung des Kopfes und der Ohren, die Länge der Lefzen, die Form der Augen und die Blickrichtung selbst.

Zusätzlich hat ein Hund die Möglichkeit, sich größer oder auch kleiner zu präsentieren, als er eigentlich ist. Hochgestelltes Nacken- und Rückenfell oder eine erhobene Rute lassen ihn größer erscheinen und können sowohl beim Imponierverhalten als auch offensivem Drohen gezeigt werden (Ausnahme: gesträubtes Fell aufgrund von Erregung). Um sich kleiner zu machen, als man eigentlich ist, kann es verschiedene Gründe geben: Eine geduckte Haltung oder eingeknickte Hinterbeine lassen ihn bei Unsicherheit, Angst oder auch Bedrohung kleiner erscheinen. Auch das Einziehen der Rute, ein Anlegen der Ohren oder das Senken des Kopfes verringern seine Erscheinung. Manch ein

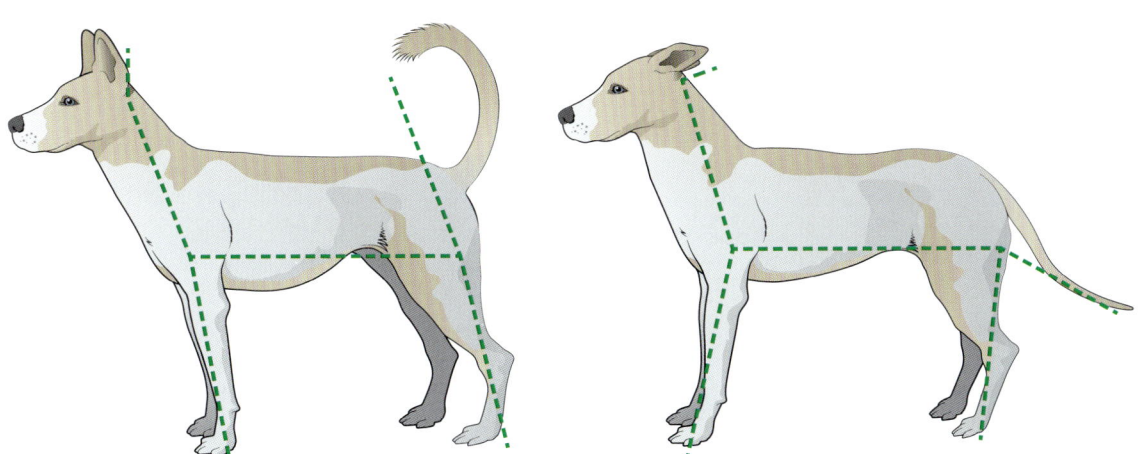

Ruten- und Ohrenhaltung sowie der Körperschwerpunkt tendieren bei beiden Hunden jeweils in die gleiche Richtung – nach vorne (links) oder nach hinten (rechts).

Hund deutet dieses Verhalten auch bei Begrüßungen leicht an und sorgt somit gleich zu Beginn für eine entspannte Situation. Das Beugen des Oberkörpers durch ein Vorstrecken der Vorderbeine wiederum wird häufig als Spielaufforderung verwendet, kann aber auch der Deeskalation einer angespannten Situation dienen.

WICHTIG

. . . .

Keine Regel ohne Ausnahmen!

. . . .

Bei kurzhaarigen Rassen lässt sich die Stressfalte unter den Augen gut erkennen.

Diese Regeln sind nicht mit festen Normen vergleichbar. So sind Gewichtsverlagerungen auch nötig, wenn der Hund schnell seine Position ändern möchte und sollten aus diesem Grunde nicht auf den ersten Blick bewertet werden. Ein Sprung nach vorne erfordert Kraft in den Hinterbeinen, die er deshalb entsprechend vorher einknickt, wodurch das Gewicht kurzfristig nach hinten verlagert wird. Für eine Richtungsänderung verlagert er sein Gewicht auf die andere Schulter, was kurz wie ein Abwenden wirken kann. Was auf einem Foto wie ein Pföteln aussieht, ist eventuell nur ein Schritt, für den er die Pfote erhoben hat.

SICHTBARE GRUNDSTIMMUNG

Anspannung, Entspannung und Aufregung lassen sich besonders gut am Muskeltonus erkennen. Oder, anders gesagt: Je angespannter der Hund, desto steifer sind seine Muskeln und entsprechend geringer sind seine Bewegungen. Das Spektrum reicht hier von minimalen, steifen Bewegungen bis hin zum absoluten Erstarren. In der Entspannung sind die Bewegungen zwar auch minimiert oder werden ganz unterlassen, jedoch wirken sie im Gegensatz zur Anspannung weich.

Aktivismus zeugt demzufolge in seinen unterschiedlichen Ausmaßen wie Springen, Wedeln, Rennen, Hüpfen, Scharren, Kopfpendeln, Bellen etc. von Erregung. Hierzu zählen nicht nur Freude, sondern auch Ängstlichkeit, Unsicherheit und Drohen. Anhand der Rute lassen sich verschiedene Erregungszustände gut erkennen, ist sie doch durch ihren inneren Aufbau her in sich sehr beweglich.

Auffällige Signale der Hunde

Körperteil	Detail	Ausdruck
Schnauze / Fang	Lefzen	• Entspannte Lefzen bei geschlossener Schnauze • Lange, nach hinten gezogenen Lefzen bei geöffnetem oder geschlossenem Fang • Nach vorne geschobene, verkürzte Lefzen; die Schnauze kann geöffnet oder geschlossen sein
	Schnauzenwinkel	• Rassetypische Form in entspanntem Zustand • Spitzer Schnauzenwinkel • Abgerundeter Schnauzenwinkel
	Nasenrücken	• Wirkt glatt bei entspannter oder nach hinten gezogener Gesichtsmuskulatur • Ist gekräuselt bei nach vorne geschobener Gesichtsmuskulatur
Augen	Augenform	• Rassetypisch entspannt • Groß und rund • Schmal und geschlitzt • Das Weiß der äußeren Augenwinkel kann sichtbar werden • Direkt unter den Augen bildet sich u. U. eine Art Delle, die sogenannte Stressfalte
	Blick	• Der Blick ist entspannt, starr oder flexibel • Vergrößerte oder zusammengezogene Pupille • Nach vorne gerichtet oder abgewandt
Ohren		• Rassetypische Haltung in entspanntem Zustand • Stehend und nach hinten gerichtet • Seitlich gedreht • Nach hinten angelegt • Stehend nach vorne gerichtet
Rute	Positionierung	• Rassetypische Haltung in entspanntem Zustand • Leicht bis stärker hängend und gebogen • Gerade hoch über dem Rücken • Erhoben und leicht gebogen • Gerade die Hinterbeine entlang nach unten gehalten • Durch die Hinterbeine leicht oder ganz den Bauch entlang
	Bewegung	• Leichte Bewegung der ganzen Rute oder ihrer zweiten Hälfte, zeigt Entspannung • Starr • Heftige Bewegung • Steife Haltung mit minimal bewegter Rutenspitze
Kopf	Haltung	• Gerade Ausrichtung, zeigt Entspannung • Abwenden • Anheben • Senken
Beine		• Stehend, die Pfoten eng beieinander, zeigt Entspannung • Breitbeinig stehend • Eine Pfote anheben (Pföteln) • Hinterbeine einknicken • Hinterbeine nach hinten abspreizen • Vorderbeine vorstellen • Beine durchdrücken
Gesamtkörper	Haltung	• Nach vorne gerichtet, zeigt Entspannung • Nach hinten lehnen • Zur Seite tendieren • Gereckt, größer wirkend • Zusammengezogen, kleiner wirkend

Grundlegende Verhaltens- strukturen

Um die Beweggründe für das Verhalten eines Hundes zu erkennen, ist es unbedingt erforderlich, eine Übersicht über seine innerartliche Wirkungsweise zu haben. Die einzelnen, nachfolgend aufgeführten Verhaltensweisen sollen Ihnen dabei helfen. Nicht alle Signale werden jeweils unbedingt gleichzeitig gezeigt. Sie können sich abwechseln, in verschiedenen Abstufungen erscheinen oder teilweise ganz unterlassen werden. Sich widersprechende Signale weisen auf einen inneren Konflikt hin, der

Hund fühlt sich regelrecht hin- und hergerissen in seinen Gefühlen. Es mag sich ambivalent anhören, aber es ist wichtig, jedes Detail zu beachten und doch nicht einzeln zu bewerten. Hilfreich ist es deshalb, die Gesamtsituation nicht aus dem Auge zu verlieren, nur so erhalten Sie ein gutes Gesamtbild.

WICHTIG

Sind gegensätzliche Signale zu erkennen, deuten sie auf eine gewisse innere Zerrissenheit hin.

Es ist eindeutig zu erkennen, wohin Cindys Interesse gerichtet ist.

ENTSPANNTES VERHALTEN

Ist ein Hund entspannt, lässt sich sehr gut seine rassetypische Haltung erkennen.

› Die Rute hängt entspannt in der für die Rasse typischen Haltung.
› Die Schnauze ist leicht geöffnet oder geschlossen.
› Die Ohren sind locker und aufrecht gestellt. Bei Rassen mit hängenden Ohren lässt sich durch die genauere Betrachtung der Ohrwurzel sehr gut deren rassetypische Haltung erkennen.
› Der Kopf ist leicht angehoben.
› Die Augen haben ihre typische Form.
› Der gesamte Körper kann in lockerer und aufrechter Haltung sein. Aber auch andere entspannende Handlungen wie ein Wälzen oder Schnüffeln sind möglich.

UNSICHERHEIT UND ANGST

Zwischen einer leichten Unsicherheit und Angst liegen viele Facetten. Die nachfolgenden Signale müssen entsprechend nicht alle zusammen gezeigt werden, auch fällt ihre Ausprägung unterschiedlich stark aus.

> Die Rute kann an die Hinterbeine

Hier sind zwei Tendenzen zu sehen: Benjis Körperhaltung ist vorwärts-abgewandt, der gesamte Kopf jedoch rückwärtsgerichtet. Wo gehe ich zuerst hin?

Entspannung total: Der Kopf ist leicht angehoben, die Augen sind rassetypisch und die Lefzen sind locker und geschlossen.

angelegt sein oder ist zwischen ihnen eingeklemmt.
› Die weit nach hinten gezogenen Lefzen sind geschlossen.
› Die Ohren sind weit nach hinten gelegt und eng angedrückt.
› Der Kopf wird gesenkt gehalten.
› Die aufgerissenen Augen sind unruhig, ein direkter Blickkontakt wird vermieden. Häufig ist das Weiß der Augen erkennbar. Zusätzlich kann die Stressfalte erscheinen.
› Die Hinterbeine werden eingeknickt.
› Die gesamte Haltung ist geduckt.

AKTIVE UNTERWERFUNG

Die aktive Unterwerfung hat zum Ziel, eine angenehme Stimmung beim anderen zu erzeugen. Sie zeugt von einem guten sozialen Verhalten. Häufig kommt sie bei einer Begrüßung vor, aber auch, wenn der andere Hund oder der Mensch nicht richtig eingeschätzt werden können.
› Die Rute wedelt stark in waagerechter Höhe.
› Die Ohren werden locker nach hinten gehalten.
› Der direkte Blickkontakt wird immer wieder unterbrochen.
› Die Stressfalte ist zu sehen.
› Die Schnauzenwinkel des Gegenübers werden kurz oder intensiver geleckt.
› Der gesamte Körper wirkt entspannt und ist in Bewegung.

PASSIVE UNTERWERFUNG

Fühlt ein Hund sich bedroht, ist die passive Unterwerfung eine von mehreren Möglichkeiten, mit denen er reagieren kann. Sie dient der Deeskalation.

› Die Rute wird zwischen den Hinterbeinen gehalten.
› Die Lefzen sind angespannt und nach hinten gezogen. Der Fang bleibt geschlossen.
› Die Ohren werden deutlich nach hinten an den Kopf gelegt und runtergedrückt.
› Der Kopf ist abgewandt.
› Das Gesicht erscheint glatt.
› Die Augen sind zu Schlitzen geformt; der Blick ist abgewandt.
› Der Hund macht sich durch einen runden Rücken klein.
› Er legt sich auf den Rücken.

OFFENSIVES DROHEN

Ist ein Hund zum Angriff bereit, zeigt er offensives Drohverhalten. Es demonstriert damit ein deutliches „Lass es!" und sollte immer ernst genommen werden.
› Die Rute ist deutlich erhoben und steif.
› Die vorgeschobenen Lefzen verkürzen die Schnauzenwinkel und machen die vorderen Zähne deutlich sichtbar.
› Der Nasenrücken ist gekräuselt.
› Die Ohren liegen seitlich eng an.
› Der Kopf wird nach vorne gestreckt.
› Die fixierenden Augen sind weit geöffnet.
› Die Beine sind durchgedrückt.
› Das Nackenfell ist gesträubt.

DEFENSIVES DROHEN

Eine weitere Reaktion in einer bedrohten Lage ist das abwehrende Drohen. Im Prinzip ist es eine unsichere Handlung, die jedoch durchaus in eine echte Verteidigung umschwenken kann.
> Die Rute ist eingeklemmt zwischen den Hinterbeinen.

› Die Lefzen sind weit nach hinten gezogen, die Schnauzenwinkel sind schmal und spitz. Hierdurch werden alle Zähne sichtbar.
› Die Ohren werden weit nach hinten gehalten.
› Der Kopf ist leicht geduckt.
› Die Augen werden schmal und halten Blickkontakt.
› Die Hinterbeine sind eingeknickt.
› Die Haltung ist nicht starr, sondern kann durchaus variieren.

IMPONIERVERHALTEN

Mit Imponierverhalten wird versucht, einen anderen Hund zu beeindrucken. Man präsentiert sich groß und selbstsicher, was zweifelsohne eine beginnende Auseinandersetzung unterbinden kann. Allerdings kann Imponierverhalten durchaus in ein offensives Drohen wechseln!

› Die Rute wird schräg hochgehalten und ist fest oder nur minimal in Bewegung.
› Der Fang ist geschlossen.
› Die Ohren sind leicht schräg nach vorne gerichtet.
› Die Kopfhaltung ist hochgereckt, der Kopf wird gerade gehalten.
› Der leicht abgewandte Blick ist ruhig.
› Die Beine sind durchgedrückt und fest.
› Die langsamen Bewegungen wirken steif.
› Das Nackenhaar ist aufgestellt.

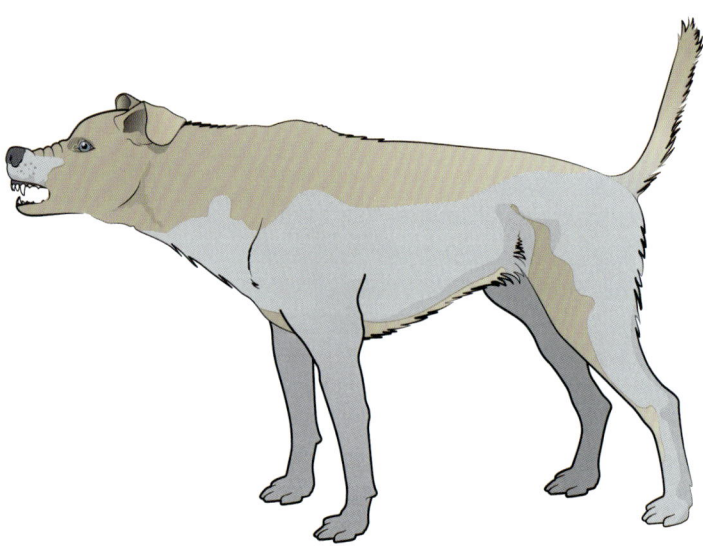

Dieser Hund droht deutlich offensiv.

Beine, Blick, Ohren und Kopfhaltung zeigen bei Copper deutlich sein Imponierverhalten.

Konfliktsituationen bewältigen

Das Wort „Konflikt" wirkt immer sehr dramatisch. Nüchtern betrachtet ist es ein Umstand, mit dem sich der Hund auseinandersetzen muss. Er wird mit etwas konfrontiert, was ihm nicht egal ist und über das er nicht sofort hinweggehen kann.

Es gibt die **inneren** Konflikte, die der Hund mit sich selbst ausmacht und die ihn nicht weiter einschränken oder gar bedrohen. So steckt beispielsweise nicht jeder Vierbeiner gut weg, wenn sich ein Familienmitglied aus der Gruppe entfernt; es kann sich aber auch kurzfristig um etwas so Banales handeln wie die Überlegung, welchen der anderen Hunde er zuerst begrüßen möchte.

Und dann gibt es die Konflikte, die von **außen** an den Hund herangetragen werden. Kann er ihnen nicht ausweichen, verstärkt sich für ihn der innere Widerstreit. Laute Maschinen, Straßenverkehr oder andere „Unwägbarkeiten" bereiten manch einem Hund Probleme, das Näherkommen von weiteren Hunden, anderen Tierarten oder fremden Menschen können ebenfalls ein Thema für ihn sein. Und, nicht zu vergessen, sind es wir, die eigenen Menschen, die seine Reaktionen auslösen. Sei es, weil wir für ihn gerade verwirrend erscheinen, weil er sich in dem Moment bedrängt fühlt oder weil er unsere Reaktion in dem Augenblick schlicht und einfach für unpassend hält.

Die folgenden Signale können, müssen aber nicht, in Konfliktsituationen gezeigt werden. Allerdings können sie auch aus anderen Gründen zutreffen. Vielleicht riecht es gut auf dem Boden, oder es juckt den Hund gerade, oder er ist aus anderen Gründen abgelenkt. Wie immer gilt es, die Gesamtsituation zu betrachten:

› Der Hund wendet sich ab vom Geschehen. Hier ist die Bandbreite sehr groß und kann vom reinen Blickabwenden über eine Gewichtsverlagerung bis hin zum kompletten Wegdrehen reichen.

› Eine Pfote wird angehoben, der Hund pfötelt.

› Schnüffeln auf dem Boden
› Plötzliches Sich-Kratzen oder Putzen
› Kurzes Lecken der eigenen Lefzen
› Gähnen
› Nach hinten gezogene Schnauzenwinkel
› Anspringen
› Hecheln

Kommt ein Hund auch mit dem Zeigen dieser Signale nicht aus seinem Konflikt heraus, muss er sein Handeln verändern. Jetzt kommt es nicht nur auf die Rahmenbedingungen an, die sein weiteres Vorgehen beeinflussen, sondern auch auf seine im Leben gemachten Erfahrungen und seine individuelle Persön-

Obwohl Sunny den Boden abschnüffelt, zeigt ihr Blick, dass ihr Interesse tatsächlich woanders liegt.

lichkeit. Alles zusammen entscheidet darüber, welche der verschiedenen Verhaltensweisen, direkt danach oder im fließenden Übergang, folgen. Werden die ersten Signale nicht erkannt, ist die Überraschung groß, weil ein Hund scheinbar wie aus dem Nichts mit Verhalten reagiert, auf das man nicht vorbereitet ist. Besteht die nächste Reaktion bestenfalls aus einer aktiven Unterwerfung, ist man nur vom plötzlichen Überschwang überrascht. Folgt jedoch ein defensives oder aktives Drohen, wird der Hund als plötzlich aggressiv bewertet.

Abschließend muss erwähnt werden, dass es Hunde gibt, die die Signale auch bei einfachen Konflikten nicht zeigen. Die Vergangenheit hat ihnen schlechthin gezeigt, dass auf diese Feinheiten nicht reagiert wird. Sie unterlassen sie entsprechend und reagieren gleich deutlicher. Manches Mal reicht es, den Blick auf seine und die eigenen Reaktionen ein bisschen zu verfeinern und ihn dadurch zu motivieren, seine Kommunikationsstrategie wieder zu verbessern. Bei schwerwiegenden Fällen ist es dringend ratsam, einen für diesen Bereich kompetenten Trainer aufzusuchen.

Copper weicht den Füßen aus, indem er seinen Körper leicht von ihnen wegbiegt.

DIE SIGNALE UND IHRE WIRKUNG

Das Wesentliche vorab

Unsere Signale zeigen dem Hund, wofür wir uns gerade interessieren. Was haben wir vor und wie ist unsere Stimmung dabei? Oder, flapsig ausgedrückt: Was geht ab?

Richtungsanzeige

Alle „Einzelteile" unseres Körpers, die wir bewegen können, sind Signalgeber für unsere Hunde, werden von ihnen wahrgenommen und interpretiert. Sie verweisen, jeder für sich, jeweils durch unsere Bewegungen in Richtungen. Die einzige Richtung, die von den wenigsten Hunden intuitiv verstanden wird, ist „hoch", also nach oben. Alle anderen Varianten sind für sie klar erkennbar: vor, zurück, links, rechts und unten.

Zusätzlich werden Richtungen natürlich durch Gesamtbewegungen wie Gehen und Drehungen erkannt. Diese Bewegungen können aktiv fortlaufend geschehen, im Gegensatz zu den einzelnen Signalen. Diese werden zwar durch eine kleine Bewegung initiiert, können dann aber fest verweilen. Wie diese im Detail aussehen, erfahren Sie ab dem nächsten Kapitel.

Stimmung

Unbestreitbar ist die Stimmung, die zwischen Sozialpartnern herrscht, sehr wichtig. Für solche Feingeister, wie Familienhunde es sind, ist es ein Leichtes, unsere Gefühlslage zu erkennen. Anhand der Art, wie wir Bewegungen ausführen, unserer Stimme und unserer Mimik ist für sie sehr gut zu erkennen, ob wir in diesem Moment entspannt oder gestresst sind.

Wendet sich der Hund ab oder ignoriert uns sogar, kann dies durchaus durch eine für ihn nicht passende Stimmung ausgelöst werden, aber auch durch eine Richtungsanzeige, die uns nicht bewusst ist. Andersherum wird ebenfalls ein Schuh draus: Ein Hund wendet sich mir zu, wenn die Stimmung für ihn angenehm ist oder er entsprechende Richtungssignale erkennt, auch wenn diese ohne Absicht von uns ausgeführt werden.

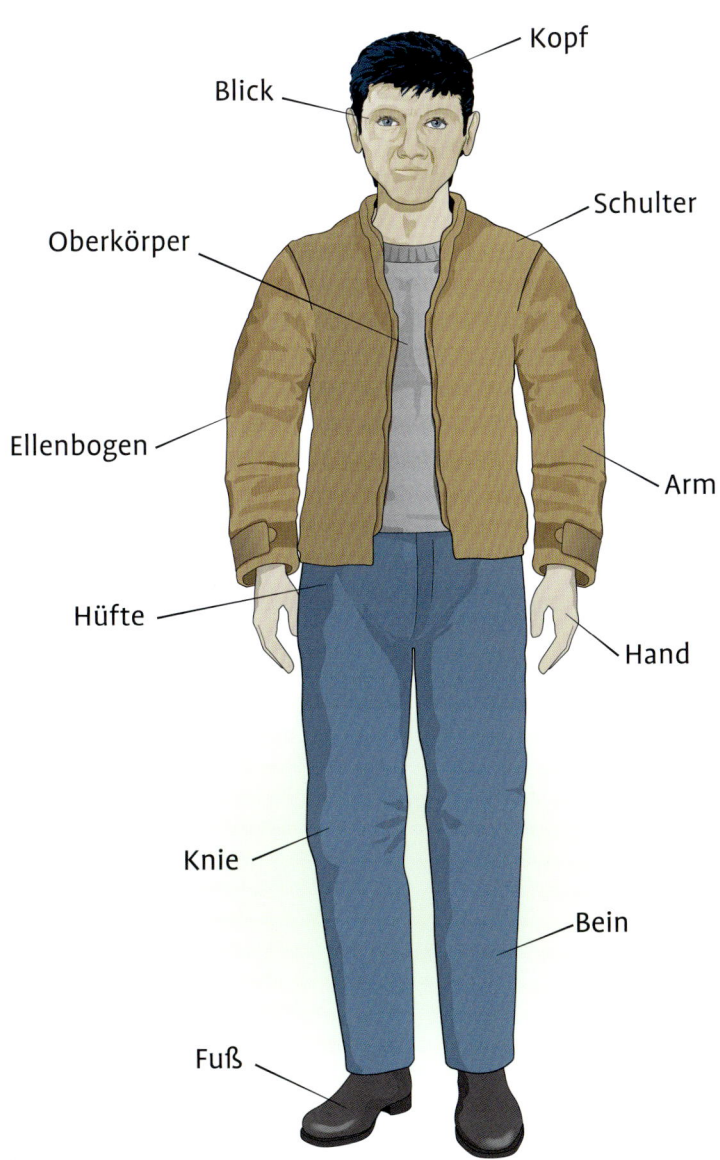

Kopf

Blick

Schulter

Oberkörper

Ellenbogen

Arm

Hüfte

Hand

Knie

Bein

Fuß

Die einzelnen Signalgeber.

Die einzelnen Signale

Wörter bilden das Fundament einer Sprache. Die einzelnen Signale unserer Körpersprache haben eine ähnliche Bedeutung für unsere Hunde.

Vergleicht man den menschlichen Körper mit einem Orchester, so erfüllen seine einzelnen Teile ähnliche Aufgaben wie Musikinstrumente. In beiden Fällen ist jedes für sich wichtig und hat seine eigenen Funktionen. Und doch gehören sie zusammen, tanzt eines aus der Reihe, ist die gesamte Wirkung unter Umständen nicht mehr schlüssig. Welche Effekte aber können unsere Körperteile im Einzelnen grundsätzlich bewirken? Im Folgenden ein kurzer Überblick.

Der gezeichnete Pfeil zeigt deutlich, inwiefern die Haltung des Oberkörpers eine Richtung vorgeben kann.

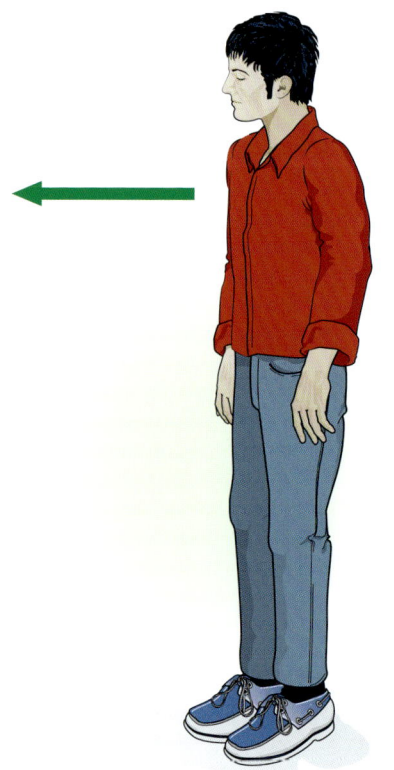
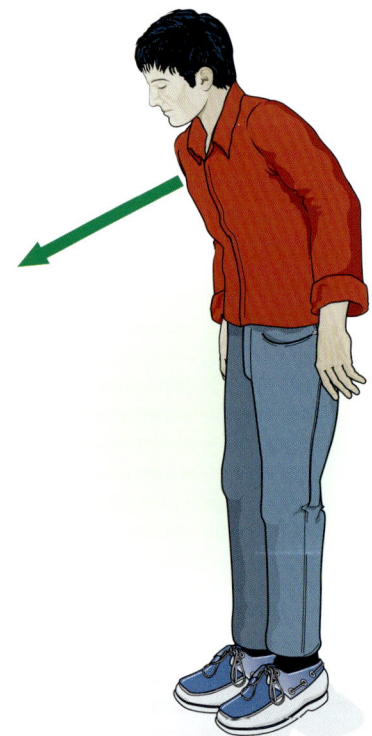

Oberkörper

Stellen Sie sich vor, an Ihrem Oberkörper wäre im rechten Winkel ein Pfeil montiert, der, gleichgültig wie Sie sich bewegen, wie festgetackert seinen Halt nicht verliert. So, wie Sie sich drehen und wenden, bewegt sich dieser Pfeil exakt mit, die Pfeilspitze zeigt somit in die Richtung, die sie gerade durch die Ausrichtung Ihres Oberkörpers vorgeben. Beugen Sie den Oberkörper beispielsweise vor, zeigt der Pfeil auf eine Stelle vor Ihren Füßen – Ihr Vierbeiner wird zu Ihnen „hergezogen".

Es gibt allerdings ein Phänomen, das für mich immer wieder interessant zu beobachten ist: Mal kommt ein Hund bei vorgebeugtem Oberkörper bis direkt an den Menschen heran, mal bleibt er in einem gewissen Abstand. Woran kann das liegen?

Natürlich werden diese unterschiedlichen Reaktionen vielfach durch Lebenserfahrungen und Charaktereigenschaften von Seiten des Hundes hervorgerufen. So kommen viele Hunde, die immer nur Positives erlebt haben, wie die Gabe von Leckerlis, gerne dicht heran bei dem geringsten Hinweis darauf, dass jetzt wieder etwas Gutes für sie anfallen könnte. Andere, die beispielsweise nur ungern an die Leine genommen werden,

Der vorgebeugte Oberkörper verweist mit seinem gedachten Pfeil auf eine Stelle am Boden. Cindys Interesse orientiert sich exakt dorthin.

sind bemüht, außer Reichweite zu bleiben.

Allerdings werden die Reaktionen mindestens durch die Art unseres Vorbeugens unterstützt, nicht selten sogar hervorgerufen. Beuge ich mich relativ steif und gerade nach vorne, so weist der gedachte Pfeil somit auf eine Stelle hin, die weiter von mir entfernt liegt. Es bewirkt womöglich ein Anhalten des Hundes an dieser Stelle und folglich auf Distanz. Halte ich meinen Oberkörper jedoch eher rund und schiebe ihn damit nicht nach vorne, so zeigt die Pfeilspitze vor meine Fußspitzen. Das Interesse des Hundes auf diese Stelle wird so geweckt. Nun ist es abhängig von seiner Motivation, ob er nur hinsieht oder um seine Neugier zu befriedigen, sogar nah herbeikommt.

Hände

Obwohl unsere Hände für Hunde eines der wichtigsten Signalgeber sind und ihr Augenmerk besonders stark auf diesen liegt, wird ihre Wirkung häufig stark unterschätzt. Dabei sind Familienhunde einzigartig darin, unsere Handbewegungen zu deuten. Selbst locker hängende Hände haben für sie eine Bedeutung, zeugen sie doch von Entspannung. Angespannte Hände wiederum ziehen unweigerlich die Aufmerksamkeit auf sich. So folgt die Orientierung gewöhnlich einer angespannten Hand, auch wenn uns dieses gar nicht bewusst ist. Hierdurch animieren wir so unseren Hund, dorthin zu sehen oder zu gehen, wohin wir gerade versehentlich, aber sehr deutlich zeigen oder die Hand hinbewegen.

Das Zeigen einer angespannten Hand zieht die Aufmerksamkeit von Hunden auf sich.

Der Fingerzeig

Wie wir Menschen erkennen Hunde Rich-
tungszeigen durch unsere Finger. Grob
gesagt heißt es: Die Orientierung folgt
dem Fingerzeig.

Abhängig vom Schwung unserer
Geste und dem Interesse des Hundes
können die Reaktion sehr unterschiedlich ausfallen. Von „Ich will das nicht
sehen" (und einem damit verbundenen
bewussten Ignorieren unserer Geste)
über „Könnte interessant sein" (dann
folgt der Blick der Richtung) bis hin zu
einem „Super interessant!" (der Hund
dreht sich in die Richtung oder schnüf-
felt auf dem Bodenfleck, auf den gezeigt
wird) ist alles möglich.

WICHTIG

Nichts ist in Stein gemeißelt: Dies gilt besonders
in Situationen, in denen ein Hund jeden noch so
kleinen Fingerzeig gerne als Einladung interpretiert, wenn er z.B. etwas Verbotenes sieht, an das
er gerne dran möchte. Da wird dann auch gerne
ein Wink wahrgenommen, selbst wenn er so gut
wie gar nicht erkennbar ist.

Arme

Arme sind lang, haben viel Schwung und
lassen sich unzweifelhaft in alle Richtungen bewegen. Mit ihnen geben wir
deutliche Signale ab, deren Informationen kaum zu übersehen sind. Trotzdem
verwirrt gerade dieses Körperteil häufig
unsere Hunde, da selten ein Arm allein in

Ein einfacher Fingerzeig hilft in diesem Fall, das verlorene Leckerchen zu finden.

Aktion ist. Denn aus der Armbewegung heraus ergibt sich automatisch eine Rotation der Schulter, der fast immer eine Drehung mit Oberkörper folgt. Dieser wendet sich somit in eine andere Richtung (siehe Oberkörper Seite 39). Was für uns unwichtig erscheint, bedeutet für Hunde Verwirrung, zeigen Arm und Oberkörper doch zwei verschiedene Richtungen an.

TIPP

Weisen beim Vorschicken des Hundes Arm und Oberkörper in die gleiche Richtung, fördert es die Entscheidung des Hundes deutlich, den gewünschten Weg einzuschlagen.

Das Anheben oder Abdrehen des Unterarms bewirkt wesentlich seltener den Einsatz von Schulter und Oberkörper und ist aus diesem Grunde häufig schneller und effektiver vom Hund zu interpretieren. Allerdings entfällt hier die Möglichkeit, hinter sich zu deuten. In diesem Fall ist der ganze Arm gefragt.

Eine weitere, sehr feine und doch sichtbare Variante ist die Drehung des Ellenbogens nach außen. Im Prinzip handelt es sich nur um einen kleinen Schnicker von uns weg. Kurze und prägnante Bewegungen fallen Hunden indes schnell ins Auge und sind somit für sie durchaus sehr aussagekräftig.

Der abgewandte Oberkörper und der Arm verweisen in verschiedene Richtungen. Das verhindert so eine klare Orientierung des Hundes.

Hier werden Oberkörper und Arm in die gleiche Richtung gehalten und unterstützen den Hund in seiner Entscheidung für den entsprechenden Weg.

Schultern

Schultern gehören unbestreitbar zum Oberkörper dazu. Sie führen jedoch irgendwie eine Art Eigenleben: Sie hängen runter, beugen sich nach vorne, sind straff oder drehen sich zur Seite. Wer von uns läuft schon steif durch's Leben?

Ein Richtungssignal unserer Schulter kann für unseren Hund durchaus eine Bedeutung haben und ihn dazu veranlassen, seine eigene Richtung zu verändern. Je nach den Positionen von Mensch und Hund zueinander hat das Signal jedoch unterschiedliche Auswirkungen, wie die untenstehenden Grafiken anschaulich zeigen.

Werden sogar beide Schultern zugleich in die gleiche Richtung bewegt, verstärkt sich der Eindruck der Richtungsanzeige durch die „doppelte" Ausführung.

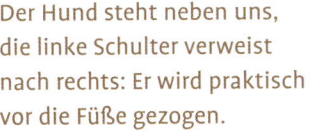

Der Hund steht neben uns, die linke Schulter verweist nach rechts: Er wird praktisch vor die Füße gezogen.

Der Hund steht vor uns, die linke Schulter verweist nach rechts: Er wird seitlich von uns nach rechts gezogen.

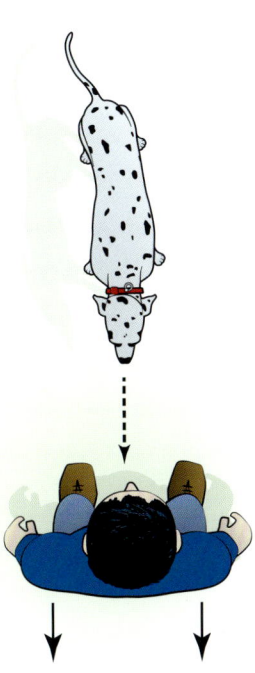

Auch das gleichzeitige Zurückziehen beider Schultern kann als Richtungsanzeige verstanden werden.

Blick

Die Augen werden von Hunden sehr viel beachtet und geben für sie eine Vielzahl an Informationen ab.

Richtungsanzeige

Augen, die auf etwas ruhen, geben eine Richtung an. Ich persönlich habe immer einen Laserpointer in meiner Vorstellung, dessen Lichtpunkt wandert. Ist der Laserpunkt sehr unruhig und flitzt über ein Objekt, verliert der Beobachter sein Interesse, diesem Punkt zu folgen. Bleibt der Punkt jedoch an einer Stelle, so wird dieses als Hinweis gewertet, dass es sich hier um etwas Wichtiges handeln könnte, weshalb die Aufmerksamkeit auf diesen Fleck gerichtet wird.

Von unserem Blick lassen sich ähnliche Informationen ablesen. Ein ruhiger Blick verweist in eine Richtung. Viele Hunde lassen sich davon beeinflussen und reagieren ebenfalls mit einem Blick dorthin, andere lassen sich sogar ausschließlich mit den Augen zu einer bestimmten Stelle schicken.

Sich viel bewegende Augen dagegen signalisieren in erster Linie Aktivität. Wobei hier die Interpretation auch abhängig von Ihrer momentanen Situation und Ihrer entsprechend dazu passenden Stimmung ist.

Trotz deutlicher Zuwendung des Kopfes zur Kamera weist der Blick in eine andere Richtung.

Der Blick in die Kamera spricht den Beobachter direkt an, obwohl der gesamte Körper abgewandt ist.

Kontaktaufnahme

Im Grunde ist ein Blickkontakt ein direkter Blick auf eine Person und somit eine Richtungsanzeige. Allerdings gibt es hier bezüglich der Blickdauer einen Unterschied, denn diese Person fühlt sich schnell angesprochen, mag der Blick auch noch so kurz sein. Viele Hunde fühlen sich sogar angesprochen und reagieren mit Aktivität, wenn der Blick nicht direkt in ihre Augen geht, sondern sie stattdessen nur streift. Sie erkennen deutlich ein: „Hey du!"

Kopf

Wandert der Blick, so bewegt sich der Kopf meistens mit. Kann unser Hund unsere Augen nicht erkennen, hat er daher trotzdem die Möglichkeit, die Kopfbewegung zu deuten. Sogar hinter uns stehend sind Kopfbewegungen für ihn deutlich sichtbar. Drehungen mit dem Kopf nach links oder rechts und auch das Senken des Kopfes sind offensichtliche Signale für Richtungen. Sein Anheben jedoch bietet durchaus verschiedene Interpretationsmöglichkeiten: Während ein kurzes und auffallendes Kopfheben eher als eine Richtungsweisung nach vorne angesehen wird, ist ein langsameres, achtsames Heben vielmehr ein Zeichen für erhöhte Aufmerksamkeit in eine Richtung.

Hüfte

Hüften sind äußerst beweglich. Selbst wenn die Füße fest auf dem Boden verbleiben, haben sie noch viel Spielraum für Drehungen, selbst ein gerades Verlagern in alle Richtungen ist machbar. Für Richtungsanzeigen sind sie entsprechend sehr gut geeignet, ohne dass der restliche Körper bewegt werden muss. Bewusst werden die Hüften als Hilfe seltener eingesetzt. Unbewusst jedoch bewegen wir sie häufig schon vor einer eigentlichen Handlung und deuten somit schon das Nachfolgende an. Diese Vordeutungen sind zwar klein, fallen unseren Hunden jedoch durchaus ins Auge und verleiten sie ebenfalls zu automatischen Tätigkeiten.

Hüften sind der Mittelpunkt unseres Körpers und verleihen ihm als solches eine gewisse Stabilität. Vorgeschobene Hüften unterstützen eine aufrechte Haltung. Dagegen bewirken nach hinten gehaltene Hüften einen leicht nach vorne gebeugten Oberkörper.

Im Profil lassen sich die nur minimal nach vorne geschobenen Hüften und die hierdurch entstandene aufrechte Haltung gut erkennen.

Stehen die Füße ungefähr schulterbreit auseinander, zeigen wir einen sicheren Stand.

Beine

Dass wir mit unseren Beinen Richtungen vorgeben, muss nicht extra erwähnt werden, durch sie bewegen wir uns insgesamt von der Stelle.

Kaum jemandem ist jedoch bewusst, wie sehr wir mit unseren Beinen eine Stimmung ausdrücken. Unsere Schritte können schlendern (langsam und locker) oder schleichen (langsam und angespannt). Sie können aber auch forsch (schnell und weit ausholend) oder unsicher (schnell und kurzschrittig) wirken.

Sogar unbewegt im Stehen geben Beine unseren Hunden wichtige Informationen: Leicht auseinandergestellte bewirken einen sichereren Halt als eng beieinander gehaltene Beine. Entsprechend können sie durchaus Hinweise geben auf eine selbstsichere Haltung.

Vorwärtsgerichtete Füße lassen deutlich erkennen, wohin die Tendenz geht. Die Aufmerksamkeit des Hundes wird nach vorne gelenkt (siehe Seite 48).

Bei einem gedrehten Fuß kann die Fußspitze die Orientierung des Hundes in die entsprechende Richtung herbeiführen.

Knie

Wundern Sie sich, dass ich die Knie extra anspreche, wo sie doch eigentlich zu den Beinen gehören? Fast immer sehe ich in verdutzte Gesichter, wenn ich mit diesem Thema anfange, denn kaum jemand sieht sie als etwas Besonderes an. Ja sicher, sie lassen sich nach vorne knicken, aber schon nach hinten ist keine Bewegung möglich. Warum ihnen also ein eigenes Kapitel widmen?

Ohne dass wir die Füße vom Boden heben oder gar ganze Schritte machen, können wir unsere Knie bewegen. Das geschieht beispielsweise automatisch beim Lockern der Beinmuskulatur, während wir stehen. Zugegeben, es sind nur kleine Bewegungen, die jedoch besonders gut ins Auge fallen, da wir hierbei meistens eine gerade Haltung haben.

Zusätzlich erlauben es uns die Knie natürlich, in die Hocke zu gehen. Eine kurz angedeutete Hocke während des Gehens bewirkt eine gewisse Dynamik und kann durchaus ein Vorpreschen des Hundes initiieren. Die Drehung des Knies nach außen oder innen kann wiederum eine Orientierung in die Richtung hervorrufen, in die es gedreht wird.

Füße

Füße sind sehr nah am Hund und direkt in seinem Blickfeld. Wundert es uns da wirklich, dass sie wichtige Signalgeber sein können?

Abgesehen von „hinter uns" lassen sich unsere Füße in alle Richtungen stellen und sind damit tatsächlich häufig wegweisend. So kann es durchaus geschehen, dass der Blick des Hundes einer Fußsetzung folgt oder er sich sogar insgesamt in diese Richtung wendet. In den Momenten, in denen wir das Gefühl haben, dass unser Hund Gedanken lesen kann und deshalb schon einen Schritt vorher die Richtung verändert, haben wir uns eventuell mit einer kleinen Fußveränderung selbst verraten.

Einen Punkt habe ich immer im Hinterkopf: Unsere Füße sind sehr viel in Bewegung. Selbst wenn wir auf einem Fleck stehen, sind sie selten wirklich ruhig. Dieser Aktionismus kann nicht nur verwirrend für unsere Hunde sein. Manch einem sind unsere Füße in ihrer Unruhe schlicht und einfach zu nah, ein versehentlicher Tritt kann durchaus passieren. Diese Hunde nehmen gerne ein bisschen Abstand zum Menschen, und seien es auch nur ein paar wenige Zentimeter – mehr, als wir uns das manchmal wünschen. Sofern dann eine kurze Leine mehr Nähe erzwingt, ist ein abgewandter Kopf oder gar ein leichtes Wegdrehen des Hundes sehr häufig zu sehen (siehe Seite 33). Selbst eine noch so perfekte Körperhaltung unsererseits oder ein lockendes Leckerli animieren diese Vierbeiner nicht dazu, sich wieder eng anzuschließen.

TIPP

· ·

Schließt sich Ihr Hund nicht eng an?
Lassen Sie die Leine länger und achten
Sie jetzt auf eine gute Fußsetzung. Ihr
Hund merkt sehr schnell, dass alles
geordnet abläuft und er die Füße somit
in ihrer Bewegung einkalkulieren kann.
Ein freiwilliger Anschluss an seinen
Menschen erfolgt dann meistens
erstaunlich schnell.

· ·

Stimme

Unsere Stimme ist bei dem Thema Kommunikation nicht wegzudenken. Hören wir einen anderen Menschen sprechen, so sind wir in der Lage, dessen emotionalen Zustand zu erkennen. Das Hundegehirn verarbeitet die Informationen ähnlich, die von unserer Stimme ausgehen. Wen wundert es da, dass die meisten Halter mit ihren Tieren sprechen, haben sie doch das Gefühl, dass ihr Vierbeiner sie durchaus versteht.

Unsere Stimme ist an Flexibilität und Wirkung kaum zu überbieten. Betonung, Lautstärke, Tonhöhe und Sprechgeschwindigkeit sind jedes für sich genommen schon sehr variabel, miteinander kombiniert ergeben sie eine Fülle an Wirkungsmöglichkeiten.

Betonung

Betrachten wir folgenden Satz genauer: Das Auto ist laut.

Der Satz besteht lediglich aus vier Wörtern. Je nachdem, welches Wort ich betone, lassen sich – bei gleichbleibender Lautstärke – mit diesem einen Satz unterschiedliche Inhalte rüberbringen.

Das Auto ist **laut**. → Das Auto erhält eine Eigenschaft.

Das Auto **ist** laut. → Hier handelt es sich um eine Feststellung, eine Widerrede scheint zwecklos.

Das **Auto** ist laut. → Von allen Objekten, die gerade im Fokus stehen, ist lediglich das Auto laut.

Das Auto ist laut. → Ganz speziell dieses eine Auto ist laut, andere Autos sind es nicht.

Würden wir am Ende der Sätze ein Fragezeichen stellen hätten wir weitere 4 Bedeutungen.

Die besondere Betonung einzelner Wörter, aber auch kompletter Sätze gibt deutliche Informationen weiter über uns und auch über die momentane Situation insgesamt. Wir können loben, staunen, tadeln, schimpfen, bejahen, freuen, jubeln, meckern, kritisieren, verneinen, …

So bedeutet ein „Wow!" etwas anderes als ein „Fein!", das erste wirkt eher staunend, das zweite eher lobend. Und ein „Nein" hat meistens eine ganz andere Betonung als ein kurzes „Nö".

Lautstärke und Tonlage

Abgesehen von der üblichen Lautstärke und Stimmhöhe, die während eines normalen Gesprächs zu hören sind, hat unsere Stimme noch weitaus mehr an Möglichkeiten zu bieten: Wir können flüstern, hauchen, schreien, raunen, rufen, krächzen, fiepsen, brüllen, brummen, kreischen, wispern, murmeln, ...

Lautstärke und Tonhöhe sind unabhängig voneinander. Höhere Töne sind besonders beim lauten Kreischen oder leisen Fiepsen zu hören. Beim Flüstern und Wispern hören sich einige Buchstaben wie zum Beispiel das „S" eher wie ein Zischen an. Tiefere Töne kommen hingegen bei unterschiedlichen Lautstärken vor, denken wir doch nur ans Brüllen und Raunen.

Geschwindigkeit

Haben Sie schon einmal darüber nachgedacht, wie schnell Sie reden? Jeder von uns hat da so seine eigene Art: Während die meisten in Alltagssituationen eine Geschwindigkeit haben, die wir als „normal" empfinden, gibt es auch Personen, die langsamer sprechen oder relativ schnell.

In dem Moment, in dem sich unser gewohntes Sprechtempo verändert, geben wir deutliche Signale an unsere Umwelt ab. Eine höhere Geschwindigkeit wird als Eile empfunden im Gegensatz zur langsameren, bei der wir das Gefühl haben, dass viel Zeit vorhanden ist.

hohes
Sprechtempo   niedriges
                                    Sprechtempo

Zwischen einer langsamen und einer schnellen Sprechweise
sind noch viele weitere Variationen möglich.

Der Signaleinsatz im Alltag

Im täglichen Leben lösen wir Menschen durch unsere gesamte Wirkung bei unseren Hunden Reaktionen aus – wir können ihn damit verwirren, aber auch führen.

Jede unserer Bewegungen kann eine Mitteilung an unseren Hund sein und unterschiedliche Reaktionen auslösen. Niemand von uns bewegt sich jedoch normalerweise wie aus einem Guss, unsere Richtungsanzeigen sind deshalb selten „einer Meinung".

Reaktionen auf Ablenkungen

Als Beispiel nehme ich eine Alltagssituation, die immer wieder vorkommt: Hund und Halter bemerken eine größere Ablenkung, die die verstärkte Aufmerksamkeit des Tieres auf sich zieht. Hat der Mensch allerdings den Wunsch, seinen Weg fortzusetzen, können seine Reaktionen unterschiedlich ausfallen, abhängig von der jeweiligen Situation und dem eigenen Empfinden.

Der Blick könnte
› beiläufig über die Straße gehen,
› den Gegenüber genauer beobachten,
› zum eigenen Hund gehen und/oder
› schnelle Richtungswechsel zwischen dem eigenen Hund und dem Gegenüber zeigen.

Die Hände könnten
› die Leine kürzer greifen,
› locker bzw. unverändert bleiben,
› angespannt werden und/oder
› schnell in die Tasche zum Leckerli greifen.

Die Schritte könnten
› sich in der Geschwindigkeit verändern,
› kleiner oder größer werden,
› fester gesetzt werden und/oder
› es wird plötzlich stehen geblieben.

Der Oberkörper könnte
› sich zum Gegenüber drehen,
› zum eigenen Hund wenden,
› gerade bleiben und/oder
› sich zum eigenen Hund beugen.

Wer sich vor Augen hält, welche Fülle an Informationen diese einzelnen Signale abgeben, kann letztlich nur zu dem einen Gedanken kommen: Was für ein Durcheinander für unsere Hunde! Sie haben in diesem Moment nur die Möglichkeit, sich aus dieser Flut von Informationen speziell das herauszupicken, was ihnen gerade wichtig erscheint. Das wiederum ist abhängig von vielen Faktoren: Vom Temperament des Hundes, von seinem Interesse am Gegenüber oder auch von seinen Lebenserfahrungen, die ihn geprägt haben und die in diesem Moment in Erinnerung gerufen werden.

Es ist noch kein Meister vom Himmel gefallen

Die oben geschilderte Alltagssituation kann sehr komplex sein und schnell überfordern, möchte man sie körpersprachlich lösen. Aber keine Sorge, die meisten Hunde kommen auch damit zurecht. Und: Wir können schließlich an uns arbeiten – sprich, unsere Kommunikation immer mehr verfeinern (die Übungen in diesem Buch ab Seite 58 helfen dabei).

In unserem Alltag mit den Vierbeinern gibt es allerdings viele kleine Situationen, in denen wir ohne große Anstrengung für sie klarer sein könnten und die ein hervorragendes Übungsfeld darstellen. Typisch hierfür wäre die letzte, kleine Runde, die viele spätabends direkt vorm Schlafengehen machen: Das Bett ruft laut und deutlich. Es wird müde neben dem Hund hergetappt, in der Hoffnung, dass man bald ins Warme zurückkann. Bleibt der Hund dann stehen, wollen wir deshalb wissen, ob das Geschäft auch wirklich schon geschafft ist – und drehen uns zu ihm hin.

Wenn uns der Vierbeiner jetzt ansieht, was wird er verstehen? Lässt sich in diesem Moment wirklich anhand unserer Körperhaltung erkennen, dass wir den Weg weitergehen wollen Richtung warmer Stube? Oder signalisieren wir durch

Die komplette Körperhaltung gibt nur eine Richtung an: zum Hund.

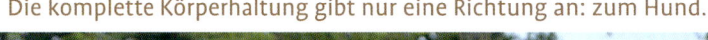

das Hinwenden nicht eher Interesse an unserem Hund bzw. dem Bodenfleck, den er gerade ausgiebig erkundet? Zugegeben, manch ein Hund weiß durch das abendliche Ritual, dass es schnell wieder nach Hause geht und kümmert sich nicht weiter um unsere Körperhaltung. Andere nehmen jedoch durchaus unser scheinbares Interesse in diese Richtung zur Kenntnis und beschäftigen sich weiter intensiv mit diesem für sie so wichtigen Fleck oder dehnen gar den Bereich aus.

Halten wir stattdessen auf unserem Weg an, ohne unsere Körperhaltung zu ändern, sind unsere Signale eindeutiger auf unser Ziel gerichtet. Die Informationen sind klarer und das Schnüffeln fällt überwiegend deutlich kürzer aus.

Unsere Hunde haben eine einzigartige Fähigkeit, uns zu verstehen. Wir sind ohne viel Aufhebens in der Lage, sie zu motivieren, zu unterstützen oder in ihrem Tun zu bestärken. Um das zu erreichen, muss niemand den ganzen Tag irgendwie „herumhampeln" oder sich vollkommen verändern. Es kann schon eine Kleinigkeit sein, die man sich an- oder auch abgewöhnt und mit deren Hilfe wir das innere Band zu unserem Vierbeiner weiter stärken. Einfach, weil wir verständlicher geworden sind.

Lediglich der entspannte Blick verweilt kurz beim Hund. Benjis Schnüffelpause fällt so deutlich kürzer aus.

DIE KÖRPER-SPRACHE IN DER PRAXIS

Erste Erfahrungen sammeln

Das Kennenlernen der eigenen Wirkung ist wie eine Urlaubsreise – spannend und erholsam zugleich. Manches ist einem fremd, anderes wiederum wirkt vertraut.

Jede Sprache will gelernt sein, bevor man sich verständlich mit ihr ausdrücken kann. Während ein Radebrechen in einfachen Lagen durchaus ausreicht, ist es in komplexeren Situationen sinnvoller, sich genauer mitteilen zu können. Doch zunächst muss überhaupt gelernt werden, sich lautsprachlich zu äußern. Im Grunde ist es bei der körpersprachlichen Kommunikation nicht anders.

In diesem Kapitel steht darum im Fokus, erst einmal einzelne Signale und deren Informationsgehalt speziell für Ihren Hund auszuprobieren bzw. auszutesten, wie er auf Ihre Signale hin reagiert.

Gehen Sie diese Versuche entspannt und ohne Erwartungshaltung an! Denn für Ihren Hund sind es keine Übungen, bei denen er etwas lernen soll. Für ihn soll es wie immer sein, wenn er mit Ihnen zusammen ist, Sie wahrnimmt und in seiner eigenen Weise auf Sie und Ihre Körpersprache reagiert.

Sollten Sie also das Gefühl haben, dass etwas nicht geklappt hat, versuchen Sie es einfach noch ein- oder zweimal. Überlegen Sie dabei ganz in Ruhe, ob sich nicht noch eine Kleinigkeit verändern lässt in der Körperhaltung oder ob vielleicht sogar die Gesamtsituation unpassend ist. Es gibt nur eine einzige Regel: Nichts muss, alles kann!

Aufmerksamkeit erhalten

Die Sinne und somit die Wahrnehmungen der Hunde werden oft unterschätzt. Häufig registriert ein Hund Bewegungen und Geräusche, ohne dass er sich ihnen zuwendet. Zwischen einer hohen Konzentration auf seinen Menschen und einem völligen Ausblenden gibt es somit durchaus Zwischenstufen.

Wie oben erwähnt, handelt es sich im Folgenden nicht um ein Hundetraining, weshalb die volle Aufmerksamkeit des Hundes nicht benötigt und auch nicht eine ganz konkrete Reaktion von ihm erwartet wird. Sein einfaches Registrieren Ihrer Signale reicht vollkommen aus. Falls Ihre Position so ungünstig zu ihm ist, dass er Sie nicht wahrnehmen kann, ist **eine leichte Kontaktaufnahme** (kleine Bewegung, leise Geräusche) eine gute Möglichkeit, dass er Ihre Bemühungen bemerkt, sofern er nicht allzu sehr abgelenkt ist. Mit der hier erwähnten leichten Kontaktaufnahme erhalten Sie also die minimale Aufmerksamkeit, die erforderlich ist.

Kontaktaufnahme durch Bewegung

Der Hund ist ein sogenannter Bewegungsseher. Dies bedeutet, dass seine Augen kleine Bewegungen auch in der Dämmerung und auf große Entfernungen erkennen. Für einen Jäger, der der Hund nun mal ist, ist es wichtig, sich versteckende Beutetiere gut lokalisie-

ren zu können. Zudem ist sein Blickfeld größer als das des Menschen. Sachte Bewegungen wie kleine Gesten oder ein Schulterzucken werden also dann vom Hundeauge ebenfalls erfasst, wenn sie schräg hinter ihm stattfinden.

Kontaktaufnahme durch Geräusche

Hundeohren sind echte Profis für leise Töne. Nicht nur, dass sie einen wesentlich höheren Frequenzbereich erfassen können als Menschenohren. Sie sind zusätzlich in der Lage, Geräusche aus einer Entfernung zu hören, die dem Vierfachen für Menschenohren entspricht. Auch hier befähigen diese besonderen Begabungen den Jäger Hund, versteckende Beutetiere besser orten zu können. Leise Geräusche wie das Rascheln

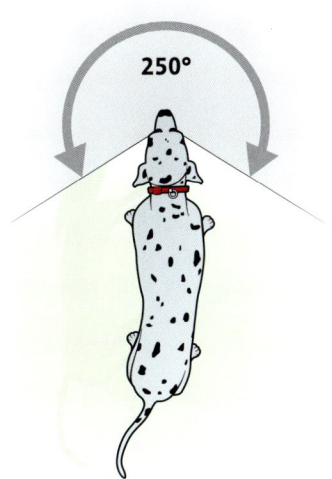

Das durchschnittliche Gesichtsfeld eines Hundes beträgt ca. 250 Grad.

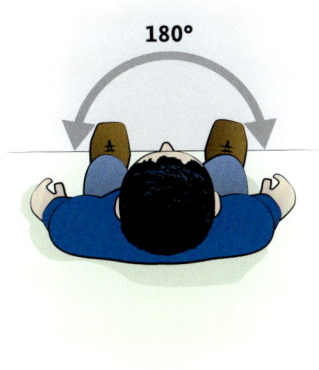

Das Gesichtsfeld eines Menschen beträgt ca. 180 Grad.

oder Knistern von Gegenständen, aber auch ein leichtes Schnalzen oder Flüstern dringen deshalb besonders gut zu ihm durch und wecken schnell seine Aufmerksamkeit.

Einfluss der Stimme

Die Stimme ist wie ein Musikinstrument, mit dem jederzeit gespielt werden kann. Ihr Wirkungsbereich geht weit über das Ansprechen hinaus: Sie spiegelt die innere Stimmung wider, beeinflusst die Gefühle des Gesprächspartners und ist darüber hinaus unabhängig von anderen Tätigkeiten. Sogar beim Tragen eines schweren Gegenstands ist die Stimme einsetzbar, auch wenn unsere Hände in dem Moment regelrecht gebunden und unsere übrige Körperhaltung verspannt ist.

Aus diesen Gründen gelingen die ersten Testversuche besonders gut, wenn Sie sie ohne ein festes Ziel angehen. Hierfür bietet sich wunderbar das ganz normale Alltagsleben an, denn im Laufe des Tages ergeben sich für Sie viele Möglichkeiten, die Wirkung Ihrer Stimme zu erproben. Am besten nehmen Sie Situationen, die relativ entspannt sind. Vielleicht buddelt Ihr Hund gerade oder läuft locker neben Ihnen her, vielleicht kommen Sie gerade gemeinsam nach Hause oder warten zusammen auf den Spielkameraden?

Um das Ergebnis nicht zu verfälschen, ist es ratsam, dass Sie Ihren Hund vorher nicht auf sich aufmerksam machen. Stattdessen sagen Sie einfach nebenher ein oder zwei Wörter, mal in hoher oder tiefer Tonlage, mal langsam oder schnell, mal lauter, leiser oder auch nur gehaucht. Oder Sie brummeln, schnalzen oder piepsen kurz. Wie reagiert Ihr Hund? Wird er aufgeregter oder ruhiger, schaut er Sie an, bricht er seine Handlung ab? Oder reagiert er gar nicht? Manchmal sind es nur kleine Veränderungen, an denen sich erkennen lässt, dass Ihre Stimme wahrgenommen wurde, das kann beispielsweise ein ganz kurzer Blick sein, eine Ohrbewegung oder eine leichte Veränderung der Rutenhaltung.

Bewegungen für Richtungsanzeigen

Wie zu Beginn dieses Buches erwähnt, interpretiert jeder das, was er wahrnimmt, auf seine eigene Art und Weise. Die Reaktionen unserer Hunde fallen aus diesem Grunde durchaus unterschiedlich aus. Beobachten Sie, wie groß die Unterschiede der Reaktionen Ihres Hundes sind, wenn sie ihn vorher kurz ansprechen oder nicht, oder wenn er gerade ebenfalls entspannt ist oder eher aufgeregt. Bleibt er stehen? Geht sein Blick kurz in die gezeigte Richtung, oder wendet er sogar seinen Kopf dorthin? Geht er in die gezeigte Richtung? Fällt er zurück?

Mit den im Folgenden genannten kleineren Übungen bzw. Aufgaben können Sie die Wirkung eines jeden Körperteils ausprobieren. Bei manchen Körperteilen sind mehrere Übungsvorschläge genannt. Diese bauen nicht aufeinander auf, sondern stehen jeweils für sich. Interessant ist es, wenn Sie die Reaktionen Ihres Hundes schriftlich festhalten. Dafür bietet sich die Tabelle auf Seite 64 an.

Zur Vereinfachung der Übungsbeschreibungen, bei denen sich Mensch und Hund nebeneinander befinden, sind Hände, Füße und Schulter in den Innen- und Außenbereich aufgeteilt (siehe Grafik Seite 62).

Die richtungsweisende Handbewegung fällt deutlich ins Auge.

Außenbereich   **Innenbereich**

Außenschulter   Innenschulter

Außenarm   Innenarm

Außenhand   Innenhand

Außenbein   Innenbein

Außenfuß   Innenfuß

Die Signalgeber werden für die Übungen, bei denen sich Mensch und Hund nebeneinander befinden, in den Innen- und Außenbereich aufgeteilt.

Hand

Lassen Sie Ihre Hände entspannt hängen. Jetzt heben Sie die Innen-, dann die Außenhand einfach an. Oder Sie zeigen auf einmal auf einen Gegenstand.

Fuß

Drehen Sie mal Ihren Innen- und dann den Außenfuß zum Hund hin oder von ihm weg. Dieses kann während des Gehens oder im Stehen zu unterschiedlichen Reaktionen führen.

Hüfte

Im Gehen die Hüfte zu drehen fällt nicht jedem leicht, einen Versuch ist es aber Wert. Außerdem könnten Sie im Stehen die Hüfte leicht nach vorne oder nach hinten schieben.

Blick

Heften Sie Ihren Blick auf einen Gegenstand, der vor Ihnen auf dem Boden liegt, und lassen Sie ihn eine Weile dort ruhen. Weiterhin ist es interessant, die Reaktionsunterschiede Ihres Hundes zwischen einem längeren und direkten Blickkontakt und einem Blick festzustellen, der entspannt direkt an Ihrem Vierbeiner vorbeigeht.

Oberkörper

Drehen Sie Ihren aufrechten Oberkörper leicht mal nach links und mal nach rechts. Eine weitere Möglichkeit, die Wirkung des Oberkörpers zu testen, ist sowohl das Vorbeugen mit geradem oder krummen Rücken, oder Sie lehnen ihn leicht nach hinten.

Kopf

Drehen Sie Ihren Kopf nach links und rechts. Zusätzlich bietet es sich noch an, das Kinn zu heben oder den Kopf zu senken.

Schultern

Ziehen Sie die Innen- oder Außenschulter unabhängig voneinander nach hinten oder schieben Sie sie nach vorne.

Wie reagiert mein Hund?

Körperteil	Aufgaben	Reaktionen des Hundes – mit Ansprache	Reaktionen des Hundes – ohne Ansprache
Oberkörper	1. Aufrecht leicht mal nach links, mal nach rechts **drehen**		
	2. **Vorbeugen** mit geradem oder rundem Rücken		
	3. Nach **hinten lehnen**		
Hand (Hände jeweils vorher entspannt hängen lassen)	1. **Anheben** der **Innenhand**		
	2. **Anheben** der **Außenhand**		
	3. Auf einen Gegenstand **zeigen**		
Fuß	1. **Innenfuß** zum Hund hin oder von ihm weg **drehen**		
	2. **Außenfuß** zum Hund hin oder von ihm weg **drehen**		
Hüfte	1. Im Gehen **drehen**		
	2. Im Stehen leicht **nach vorne oder hinten** bewegen		
Blick	Auf einem Gegenstand **verweilen**		
	Blick, der entspannt direkt am Hund **vorbeigeht**		
	Längerer und **direkter** Blickkontakt		
Kopf	1. In verschiedene Richtungen **drehen**		
	2. **Heben** oder **senken**		
Schultern	1. **Innen-** und **Außenschultern** einzeln **nach hinten** oder **vorne** ziehen		
	2. **Beide Schultern** gleichzeitig bewegen		

Einflussnahme auf die Gemütslage

Die Stimmungslage unserer Hunde beeinflusst im Alltag wie im Training das Geschehen. Ruhe, Aktivität, Aufmerksamkeit und Entspannung sind hier die wichtigsten Dreh- und Angelpunkte.

Herbeiführen der richtigen Stimmung

Es überrascht immer wieder, wie intensiv mit feinsten Signalen Hunde in ihrer Gemütslage beeinflusst werden können. Sie interpretieren sie als unsere eigene Stimmung und passen sich ihrem Sozialpartner entsprechend an.

Stellen Sie sich beispielsweise einen Jack Russel vor, der es beim Anblick eines Spielkameraden gerade noch schafft, ein Sitz zu leisten, zitternd vor Aufregung. Ein hochgejubeltes „Fein!" würde ihn nicht gerade darin unterstützen, den Popo auf dem Boden zu lassen, nicht wahr? Wahrscheinlich würde er stattdessen eher wie ein Pfeil vom Bogen losflitzen. Hier ist ein ruhig ausgesprochenes Lob wie „Richtig gut" von Vorteil, zumindest dann, wenn das Sitzenbleiben gewünscht ist. Andersherum ist eine ruhige und sonore Stimme ungeeignet, wenn ein in sich ruhender, gemütlich daliegender Hund dazu animiert werden soll, seine Kuschelecke zu verlassen. Auffordernde Worte mit einer höheren Tonlage und einem schnelleren Sprechtempo sind in diesem Fall voraussichtlich aussichtsreicher.

ERREICHEN EINER RUHIGEN KONZENTRATION

Die Grafiken auf den Seiten 66 und 67 geben eine Übersicht, mit welchen Signalen wir Zweibeiner unsere Fellnasen darin unterstützen können, eine ruhige Konzentration zu erreichen. Grundsätzlich lässt sich gut erkennen, dass Ruhe durch mit Bedacht ausgeführten Bewegungen und einer tieferen Tonlage gefördert wird. Da geht es den Hunden genauso wie uns Menschen auch.

ERREICHEN VON AKTIVITÄT

Schnelligkeit und hohe Töne aktivieren eher, als dass sie beruhigen. Wie grundsätzlich im Leben auch überlappen sich die beiden Bereiche Ruhe und Aktivität natürlich, zwischen Weiß und Schwarz, zwischen entweder-oder gibt es viele bunte Töne. Eine Armbewegung kann gleichzeitig ausladend und ruhig erfolgen und Schritte können zwar kurz sein und trotzdem verschieden gesetzt werden. Da gibt es zwischen einer gut erkennbaren, gemütlichen Langsamkeit und einer deutlichen Hektik viele Variationsmöglichkeiten.

Konzentration halten

Konzentration über eine längere Zeit halten zu können, ist mit eine der schwierigsten Aufgaben, die das Leben zu bieten hat. Sie will erst gelernt sein, heißt es doch, bewusst eine intensive Aufmerksamkeit aufrechtzuerhalten. Dies fällt jedoch nicht nur vielen Menschen schwer. Auch manch ein Hund hat Probleme, den inneren Schweinehund zu überwinden und sich nicht durch andere Dinge ablenken zu lassen. Hier kann der

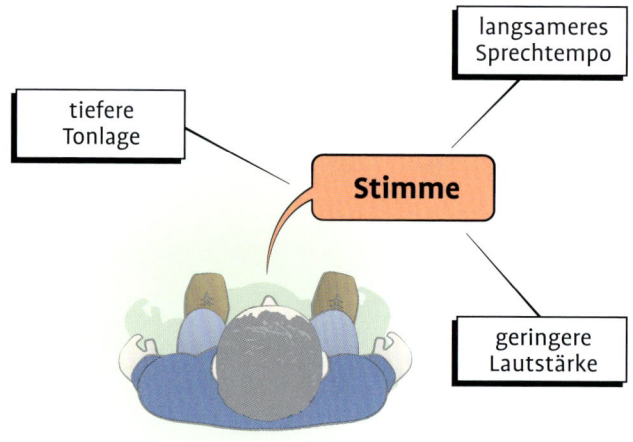

tiefere
Tonlage

langsameres
Sprechtempo

Stimme

geringere
Lautstärke

Nutzung der Stimme zur Förderung der ruhigen Konzentration.

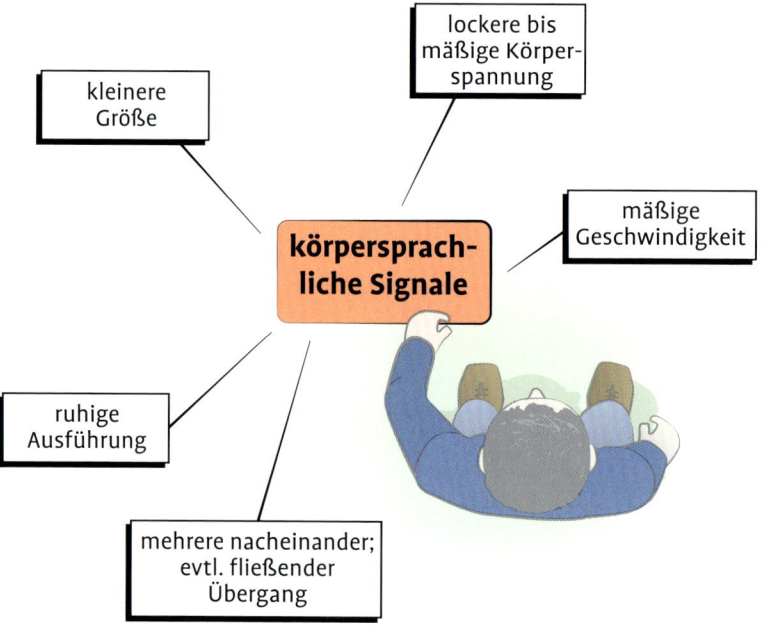

kleinere
Größe

lockere bis
mäßige Körper-
spannung

mäßige
Geschwindigkeit

**körpersprach-
liche Signale**

ruhige
Ausführung

mehrere nacheinander;
evtl. fließender
Übergang

Einsatz der körpersprachlichen Signale zur Förderung der ruhigen Konzentration.

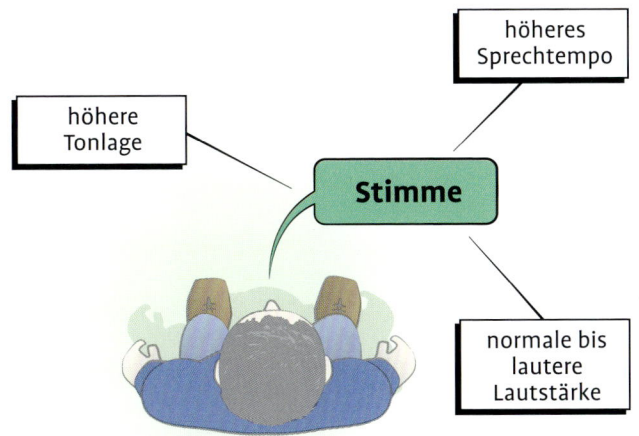

Nutzung der Stimme zur Förderung von Aktivität.

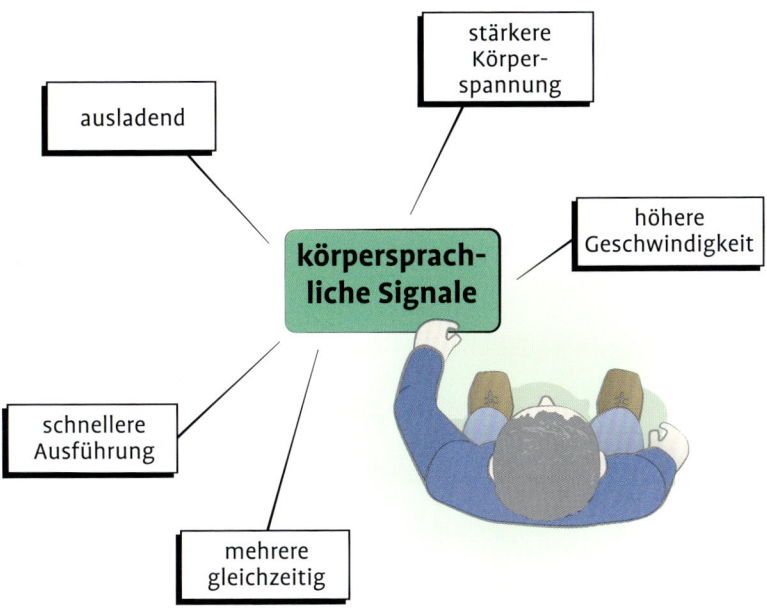

Einsatz der körpersprachlichen Signale zur Förderung von Aktivität.

Hundebesitzer seinem Hund eine wunderbare Hilfe sein.

Unruhe und Konzentration passen nicht zueinander. Erfährt der Hund dagegen ruhige und mit Bedacht ausgeführte Signale von Seiten seines Menschen, ist er eher dazu fähig, selbst gesammelter zu werden bzw. zu bleiben. Folgen verschiedene und entsprechend passende Signale aufeinander, so ergibt sich hierdurch eine ruhige Abwechslung, die für Neugierde sorgt und den Fokus des Hundes länger auf den Menschen richtet. Je nachdem, wie die Gegebenheiten gerade sind, kann diese Folge unterschiedlich gestaltet werden. Von größeren zeitlichen Abständen bis hin zu ineinanderfließenden Übergängen ergibt sich eine große Bandbreite an Möglichkeiten. Weiterhin stärkt ein kurzes Ansprechen zwischendurch mit Blick oder Stimme den sozialen Kontakt zueinander und stabilisiert damit das innere Band.

Könnte Hawaii sprechen, würde sie bestimmt fragen: „Was soll ich jetzt machen?"

Mit der Zeit kann diese Art der Konzentrationsförderung natürlich abgebaut werden. Nach und nach wird hierfür die Intensität und/oder die Anzahl der einzelnen Hilfen verringert. Wie schnell hierbei vorgegangen werden kann, ist abhängig von den diesbezüglichen Fähigkeiten des Hundes. Zudem gilt es, die jeweiligen Situationen und die für den Moment gewünschten Anforderungen zu bedenken. Sind Ablenkungen vorhanden, die unterschiedliche Wirkungen auf den Hund haben können? Handelt es sich um ein einfaches Abwarten oder eher um kompliziertere Übungen? Die Antworten auf diese Fragen eignen sich als Entscheidungshilfen bei der Verringerung der konzentrationsfördernden Signale.

Ausstrahlung und Mimik

Mimik, Gesten und Stimme nehmen Einfluss auf die Stimmungslage der Hunde. Die innere Gemütslage des Menschen ist hier natürlich nicht unerheblich, beeinflusst sie doch wiederum die Handlungen. Spätestens jedoch, wenn der eigene Hund mit seinen Gedanken in fremden Sphären schwebt oder einen selbst die eigene innere Unruhe zu sehr packt, ist es häufig mit einer souveränen Haltung vorbei. Zumindest haben die wenigsten Hundebesitzer derart gute schauspielerische Fähigkeiten, um in solch einem Fall eine sichere Ausstrahlung zu zeigen. Da mag die Körpersprache auch noch so intensiv geübt worden sein.

Ein kleiner, aber effektiver Trick kann helfen, auf die eigenen Empfindungen einzuwirken und sie so besser zu kontrollieren: Formen Sie Ihre Gedanken derart, dass die innere Haltung und damit die Stimmung regelrecht umgebildet werden. Was sich auf den ersten Blick recht esoterisch anhört, hat durchaus eine starke Wirkung und lässt sich relativ einfach umsetzen.

Formulieren Sie die Antwort auf die Frage, was Sie erreichen wollen, in einem kurzen Satz in der Wir-Form. Schöne Beispiele hierfür sind Sätze wie „Wir bleiben zusammen hier stehen", „Wir gehen nach rechts" oder auch „Wir wenden uns ab". Das Einbeziehen der eigenen Person verändert den Blickwinkel und sorgt für ein entspannteres Grundgefühl. Zum anderen sorgt die Konzentration, die für die bewusste Formulierung dieser Sätze benötigt wird, für ein überlegtes Handeln. Dadurch richtet sich das Hauptaugenmerk unwillkürlich auf das Wesentliche. Insgesamt entwickelt sich eine Kombination aus Entspanntheit und Aufmerksamkeit, die sich in der Mimik widerspiegelt und Gesten und Stimme automatisch beeinflusst.

Die Basisübungen

Bevor es in die alltägliche Praxis geht, empfiehlt es sich, die eigene Körpersprache im Einzelnen zu üben. Stressfrei und ohne Erwartungshaltung natürlich!

Bestimmtes Verhalten aufbauen

Durch den gezielten Einsatz der Körpersprache mit ihren freien Signalen wird versucht, Hunde bewusst in ihrer Handlung zu beeinflussen. Hier nutzen Ihnen jetzt wunderbar die Erkenntnisse, welche Sie beim ersten Erproben sammeln konnten. Wie stark ist die Wirkung der einzelnen Signale und wie sehen die Reaktionen auf sie aus? Die nachfolgenden Basisübungen geben Ihnen die Möglichkeit, bestimmtes Verhalten Ihres Hundes hervorzurufen, ohne dass Sie durch alltägliche Gegebenheiten zu sehr abgelenkt sind. Sie dienen letztendlich dazu, sich auf diese komplexeren Situationen vorzubereiten. Die Aufgaben haben häufig die gleichen Ausgangssituationen und Ziele. Ihr jeweiliger Schwerpunkt liegt im Ausprobieren der einzelnen Signale.

Signale optimal nutzen

Für die Basisübungen benötigen Sie die Aufmerksamkeit Ihres Hundes. Testen Sie durch mehrfaches Wiederholen aus, in welchem zeitlichen Abstand das Ansprechen (Bewegung bzw. Geräusch)

und das Zeigen des Signals für Ihren Hund erfolgen müssen, um die bestmögliche Wirkung zu erzielen. Häufig empfiehlt es sich, beides direkt hintereinander zu setzen bzw. sie praktisch ineinanderfließen zu lassen. Hunde reagieren, sofern ihre Aufmerksamkeit geweckt ist, in der Regel zeitgleich auf ein Signal und starten somit ihre Reaktion entsprechend direkt.

INFO

Bei Hunden, die eher einen gemütlichen Charakter haben oder aufgrund von gesundheitlichen Problemen langsamer unterwegs sind, ist das Echo zeitversetzt. Allerdings lässt sich mit ein wenig Übung ein gewisses Zeitfenster erkennen, das gut zu berücksichtigen ist.

Ausnahmen könnten hier zum Beispiel zu starke Ablenkungen sein, aber auch eine frontale Haltung dem Hund gegenüber. Wie Menschen neigen Hunde ebenfalls dazu, bei einer frontalen Haltung zueinander einen gewissen Abstand einzuhalten, was wiederum einem gewünschten Näherkommen oder näherem Vorbeigehen widerspricht. Natürlich ist es nicht möglich, nur ein einzelnes Signal zu zeigen, da der übrige Körper immer noch zu sehen ist. Niemand verhält sich wie aus einem Guss, häufig werden gleichzeitig Signale gezeigt, die sich widersprechen. Die Signale überlagern sich gegenseitig,

Zusätzlich zu dem Finger zeigen Kopf und Blick als Unterstützung ebenfalls auf die Stelle.

was zu Unsicherheit oder Verwirrung führen kann. Hier gibt es die Möglichkeit, eine Art kleinen Trick zu nutzen: Diese sogenannten **Gegensignale** verlieren ihre Gewichtung, wenn zur Unterstützung ausreichend weitere Hinweise auf das eigentliche Ziel gezeigt werden. Sie mildern die nicht gewünschte Wirkung der Gegensignale, sodass Missverständnisse oder Druck vermieden werden können.

Unterstützungen einsetzen

Gut lässt sich die Wirkung von Gegensignal bzw. der Unterstützung anhand des nachstehenden Beispiels aus einem meiner Seminare verdeutlichen. Die Aufgabe an eine Teilnehmerin lautete: „Verweise mit einem Finger auf eine Stelle seitlich von dir." Dabei sollte sie wie folgt vorgehen:

1. Stehe in gerader Haltung entspannt frontal vor dem Hund, Entfernung ca. 2 Meter.
2. Strecke einen Finger.
3. Wenn nötig, nehme Kontakt zum Hund auf.
4. Hebe die Hand an und zeige mit dem Finger ca. 1 Meter seitlich von dir auf den Boden.

Wie reagierte die Hündin Abby der Teilnehmerin? Sie war zwar aufmerksam, blieb aber trotz des deutlich sichtbaren Fingerzeigs sitzen, da die gesamte restliche Haltung der Hundebesitzerin zu ihr hinwies. Erst als mit Kopf und Blick (siehe Abbildung Seite 71) ebenfalls

in die entsprechende Richtung gezeigt wurde, konnte Abby sich dazu entscheiden, sich zu dieser Stelle hin zu orientieren. Die Kombination Finger + Kopf + Blick war für Abby wichtiger als die übrige frontale Haltung und überlagerte somit die Gegensignale. Bei einem anderen Hund reicht eventuell die Drehung eines Fußes in die entsprechende Richtung aus oder aber er müsste zusätzlich gesetzt werden, um die Überlagerung der Frontalhaltung zu erreichen.

Gegensignal	Mögliche Unterstützung
Haltung gänzlich frontal zum Hund	> Kopfdrehung zur Seite > Blick zeigt zur Stelle > Ein Fuß dreht sich zur Seite

Zu den nachfolgenden Übungen werden entsprechende Unterstützungen vorgeschlagen, die Sie einzeln oder in Kombinationen ausprobieren können. Vielleicht haben Sie aber auch eigene, weitere Einfälle?

Ganze Hand

Übung

Ausgestreckte, angespannte Hände sind für viele Hunde wie ein Magnet, dem sie folgen. Ihre Anwendung ist unkompliziert und kann im Alltag viele Situationen vereinfachen.

Für die meisten Hunde wirkt die Handinnenfläche stärker als der Handrücken, weshalb es empfehlenswert ist, die Hand mit der inneren Fläche zu zeigen. Üblicherweise wird hierbei die angespannte Hand mit den Fingerspitzen nach unten gehalten. Einige Hunde werten dieses jedoch als einen Fingerzeig und blicken entsprechend auf den Boden, statt der Hand zu folgen. In diesem Fall halten Sie die Hand einfach quer.

Lilly wird auf die hingehaltene Hand aufmerksam.

Nebeneinandergehen

Übungsvariante 1

Diese erste Übung ist ein guter Einstieg für beide Seiten des Mensch-Hund-Teams. Für uns Zweibeiner bietet sich hier eine einfache Möglichkeit, ein Gefühl für den eigenen Körper zu bekommen und die Körpersprache zu kontrollieren. Die Vierbeiner werden kurzzeitig darin unterstützt, ihre Ungeduld zu zügeln – fällt es vielen von ihnen doch schwer, ruhig nebenher zu laufen. Die gemeinsame Laufrichtung wird mit allen weiteren Signalen wie dem Blick, dem Kopf sowie der gesamten weite-

Lilly folgt der Hand, hierdurch entwickelt sich automatisch ein Nebeneinandergehen.

ren Körperhaltung unterstützt, sodass Gegensignale entfallen.

Das Ziel
Ein entspanntes und lockeres, aber trotzdem aufmerksames gemeinsames Laufen.

Schritt für Schritt
1. Sie stehen entspannt parallel neben Ihrem Hund.
2. Spannen Sie die Innenhand an.
3. Um sich der Aufmerksamkeit Ihres Hundes sicher zu sein, können Sie auch leicht Kontakt zu ihm aufnehmen.
4. Halten Sie die Hand in sein näheres Gesichtsfeld (siehe Grafik Seite 59).
5. Gehen Sie ein oder zwei Schritte geradeaus.
6. Ihr Blick geht dabei vom Hund nach vorne in die Laufrichtung.

Übungsvariante 2
Hund herbeiholen

Der Einsatz der Hand ermöglicht es uns wunderbar, ohne Hektik den Hund in die eigene Richtung zu orientieren. Mit dieser Übung wird hierfür der Grundstein gelegt.

Das Ziel
Der Hund bewegt sich zur Hand in die Richtung des Menschen.

Schritt für Schritt
1. Sie stehen in gerader Haltung entspannt frontal vor Ihrem Hund, Entfernung ca. 1 Meter.
2. Spannen Sie eine Hand an.
3. Um sich der Aufmerksamkeit Ihres Hundes sicher zu sein, können Sie auch leicht Kontakt zu ihm aufnehmen.
4. Blicken Sie ihn direkt an.
5. Halten Sie die Hand in sein näheres Gesichtsfeld.
6. Ziehen Sie die Hand zu sich.

WICHTIG:
. . . .

Halten Sie die Hand nicht zu hoch. So vermeiden Sie ein Hochspringen Ihres Hundes.

. . . .

Gegensignal	Mögliche Unterstützung
Frontale Haltung zum Hund	> Rückwärtsgehen > Oberkörper leicht nach hinten halten > Blick geht vom Hund zur Hand

Das Ansprechen hat Ennos Aufmerksamkeit so sehr geweckt, dass er direkt herbeikommt.

Die Fokussierung auf die Hand und das Rückwärtsgehen bewirken, dass Enno dem Menschen folgt.

Übungsvariante 3
Hund wechselt die Seite

Es ist von großem Vorteil, seinen Hund auf engstem Raum den Platz wechseln lassen zu können. Mit dem Einsatz der Hand geht dies sehr stressfrei.

Das Ziel
Der Hund wird eng am Menschen vorbeigeführt.

Schritt für Schritt
1. Sie stehen entspannt parallel neben Ihrem Hund.
2. Spannen Sie die Außenhand an.
3. Um sich der Aufmerksamkeit Ihres Hundes sicher zu sein, können Sie auch leicht Kontakt zu ihm aufnehmen.

4. Halten Sie die Hand in sein Gesichtsfeld, achten Sie darauf, sich dabei nicht gegen Ihren Hund zu drehen, d.h., Sie bleiben mit Ihrem Körper parallel zu Ihrem Vierbeiner.
5. Ziehen Sie die Hand – und damit Ihren Hund – vor Ihnen her auf die andere Seite.

Gegensignal	Mögliche Unterstützung
> Teilweise frontale Haltung zum Hund > Angespanntes Beugen des Oberkörpers	> Mitdrehen des Oberkörpers > Blick zeigt die Richtung

Cindy konzentriert sich auf die Außenhand.

Mithilfe der Hand wechselt Cindy die Seite.

Wenn es nicht klappt

Der Weg des Hundes führt bei diesem Seitenwechsel frontal am Menschen vorbei, weshalb viele Hunde zögerlich reagieren, stehen bleiben oder sogar nervös am Besitzer hochspringen. Hier ist der Einsatz beider Hände nacheinander eine wunderbare Unterstützung.

1. Sie stehen entspannt parallel neben Ihrem Hund.
2. Spannen Sie die Innenhand an.
3. Um sich der Aufmerksamkeit Ihres Hundes sicher zu sein, können Sie auch leicht Kontakt zu ihm aufnehmen.
4. Halten Sie die Innenhand in sein näheres Gesichtsfeld. Achten Sie auch hier darauf, mit Ihrem Köper wirklich parallel zu bleiben.
5. Ziehen Sie die Hand vor Ihnen her auf die andere Seite.
6. Die Außenhand übernimmt auf Höhe Ihrer Fußspitze.

Der Einsatz beider Hände hat einen großen Vorteil: In räumlich engen Situationen bietet er uns eine größere Flexibilität. So ist beispielsweise das Platzieren des Hundes unter dem Tisch eines Restaurants relativ schwierig, weil sich üblicherweise die Hundeleine um die Tischbeine verwickelt oder der Hund nicht weiß, wo genau er sich hinlegen soll. Durch das Hinführen direkt an den Tisch mit der ersten Hand und das darauffolgende Hinhalten der zweiten Hand unter dem Tisch entwickelt sich ein entspannter Ablauf.

Zu Beginn wird Cindy durch die innere Hand geführt.

Die Außenhand übernimmt nahtlos die Führung.

Übung
Fingerzeig

Viele Hundebesitzer nutzen intuitiv und unbewusst den Fingerzeig, um ihrem Hund beim Suchen zu helfen. Dieser lässt sich auch ganz gezielt einsetzen.

Übungsvariante 1
Orientierung nach vorne

Hier wird der Hund ebenfalls dazu veranlasst, seine Position zu ändern, in diesem Fall entfernt er sich. Wie in der

Benji geht zu der Stelle, auf die verwiesen wird, und entfernt sich somit von seinem Menschen.

Übung „Nebeneinandergehen" (siehe Seite 73) wird hier die Zeigerichtung auch mit allen weiteren Signalen wie dem Blick, dem Kopf sowie der gesamten weiteren Körperhaltung unterstützt.

Das Ziel

Der Hund wird via Fingerzeig vom Menschen nach vorne geschickt.

Schritt für Schritt

1. Sie stehen entspannt parallel neben Ihrem Hund.
2. Strecken Sie einen Finger der Innenhand.
3. Um sich der Aufmerksamkeit Ihres Hundes sicher zu sein, können Sie auch leicht Kontakt zu ihm aufnehmen.
4. Ihr Finger zeigt ca. 1 Meter vor Ihnen auf den Boden.
5. Sie bleiben stehen; entweder mit aufrechtem Oberkörper oder vorgebeugt mit aufrechtem Oberkörper.
6. Ihr Blick geht dabei vom Hund nach vorne zu der Stelle, wohin er geschickt werden soll.

INFO

Manche Hunde gehen zur gezeigten Stelle, andere nehmen die Richtungsanzeige zwar durchaus wahr, schauen jedoch nur. Die Bewegung dorthin können Sie unterstützen, z.B. mit einem kleinen Schritt oder einem Anheben des Kinns.

Durch den Fingerzeig knapp vor die Füße wird Ina herbeigeholt.

Übungsvariante 2
Hund herbeiholen

Lediglich ein Fingerzeig kann ausreichen, dass ein Hund aus der Entfernung direkt herbeikommt.

Das Ziel
Der Hund interessiert sich für einen „Fleck", auf den verwiesen wird, und nähert sich dadurch dem Menschen.

Schritt für Schritt
1. Sie stehen in gerader Haltung entspannt frontal vor Ihrem Hund, Entfernung ca. 3 Meter.
2. Strecken Sie den Finger einer Hand.
3. Um sich der Aufmerksamkeit Ihres Hundes sicher zu sein, können Sie auch leicht Kontakt zu ihm aufnehmen.
4. Ihr Finger zeigt nah vor Ihnen auf den Boden.

Gegensignal	Mögliche Unterstützung
> Haltung gänzlich frontal zum Hund > Beugen des Oberkörpers gegen den Hund > Zu große Nähe zwischen Mensch und Hund	> Blick zeigt zur Stelle > Beugen des runden Oberkörpers zum Fleck > Ein Mitziehen des Hundes durch ein Zurücklehnen des Oberkörpers/der Schultern > Ein Mitziehen des Hundes durch einen Rückwärtsschritt

Blick Übung

Der Blick ist ein sehr feines, aber durchaus wirkungsvolles Instrument. Der Effekt dieses nur scheinbar schwachen Signals kann enorm sein.

Übungsvariante 1
Orientierung nach vorne

In der nachfolgenden Aufgabe entfallen wieder die Gegensignale, sodass sie leicht ausführbar ist.

Cindy orientiert sich am Blick und entfernt sich von ihrem Menschen.

Das Ziel
Mithilfe des Blickes wird der Hund dazu animiert, vorauszugehen.

Schritt für Schritt
1. Sie stehen entspannt parallel neben Ihrem Hund.
2. Um sich der Aufmerksamkeit Ihres Hundes sicher zu sein, können Sie auch leicht Kontakt zu ihm aufnehmen.
3. Schauen Sie ihn kurz an.
4. Ihr Blick geht dann direkt vom Hund nach vorne in die Laufrichtung auf eine ca. 2 Meter entfernte Stelle am Boden.

Übungsvariante 2
Hund herbeiholen

Ein konzentrierter Blick auf den Boden kann für Hunde durchaus als wichtig angesehen werden, denn eventuell lässt sich dort etwas Leckeres finden. Diese Neugier veranlasst die meisten von ihnen, zu der fixierten Stelle zu gehen.

Das Ziel
Über eine gewisse Entfernung hinweg nähert sich der Hund seinem Menschen.

Schritt für Schritt
1. Sie stehen in gerader Haltung entspannt frontal vor Ihrem Hund, Entfernung ca. 3 Meter.
2. Um sich der Aufmerksamkeit Ihres Hundes sicher zu sein, können Sie auch leicht Kontakt zu ihm aufnehmen.

3. Schauen Sie ihn kurz an.
4. Ihr Blick geht sofort vom Hund auf eine ca. 1 Meter vor Ihnen entfernte Stelle am Boden.

Gegensignal	Mögliche Unterstützung
Frontale Haltung zum Hund	> Beugen des runden Oberkörpers oder > Oberkörper leicht nach hinten halten > Rückwärtsgehen

Das Herbeiholen mit dem Blick funktioniert durchaus bei noch größerer Entfernung.

Marley geht zur anfixierten Stelle auf dem Boden und nähert sich so dem Menschen.

Schicken zu einem Gegenstand

Das Schicken zu einem bestimmten Objekt nur mit dem Blick ist eines der leisesten „Gespräche", die man mit seinem Hund führen kann. Für die ersten Versuche empfiehlt es sich, zwei identische Gegenstände zu nehmen, sodass das Interesse des Hundes an beiden wahrscheinlich gleich groß ist.

Das Ziel
Die Orientierung des Hundes folgt dem Blick hin zu einem bestimmten Objekt.

Was Sie dafür brauchen
2 gleiche Gefäße, am besten 2 leere Näpfe oder Kunststoffschälchen

Schritt für Schritt
1. Ihr Hund steht oder sitzt Ihnen gegenüber.
2. Zeigen Sie Ihrem Hund, dass beide Gefäße leer sind.
3. Entfernen Sie sich ein Stück von Ihrem Vierbeiner und stellen Sie beide Gefäße so zwischen sich und Ihrem Hund, dass sie ungefähr mittig zwischen Ihnen beiden stehen (siehe Grafik unten).
4. Sie stehen in gerader Haltung entspannt frontal vor Ihrem Hund, Entfernung ca. 3–4 Meter.
5. Um sich der Aufmerksamkeit Ihres Hundes sicher zu sein, können Sie auch leicht Kontakt zu ihm aufnehmen.
6. Schauen Sie ihn kurz an.
7. Ihr Blick geht sofort vom Hund auf eine der Schüsseln und verweilt dort länger.

Die Abstände der Gefäße zum Hund sollten möglichst gleich groß sein. So beugen Sie einer Verleitung zu einem näherstehenden Napf vor.

Gegensignal	Mögliche Unterstützung
Frontale Haltung zum Hund	**Richtungsanzeige** > Drehung und leichtes Beugen des geraden Oberkörpers > Kinnanheben in die Richtung > Fingerzeig **Bewegung animieren** > Kopf nach hinten ziehen > Lockere Hand/Arm nach hinten ziehen > Oberkörper leicht nach hinten halten > Rückwärtsgehen

Wenn es nicht klappt

Manche Hunde orientieren sich zwar schon in die richtige Richtung, fragen aber häufig mit einem Blick nach. Wiederholen Sie einfach in Ruhe die Übung, aufmunternde ruhige Worte bewirken meist wahre Wunder. Loben Sie Ihren Hund, wenn er zum richtigen Napf gegangen ist, gerne können Sie dann auch ein Leckerli geben.

INFO

Bei Wiederholungen wechseln Sie die Näpfe ab. Das Vertrauen in Ihren Blick wächst durch den Erfolg, den Ihr Hund hat.

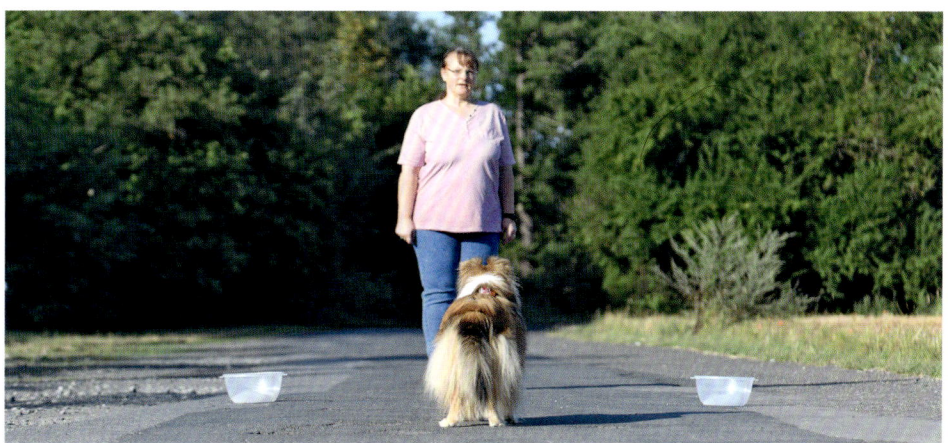

Für Cindy ist das jetzt eine spannende Situation: „Zu welchem Napf soll ich mich wenden?"

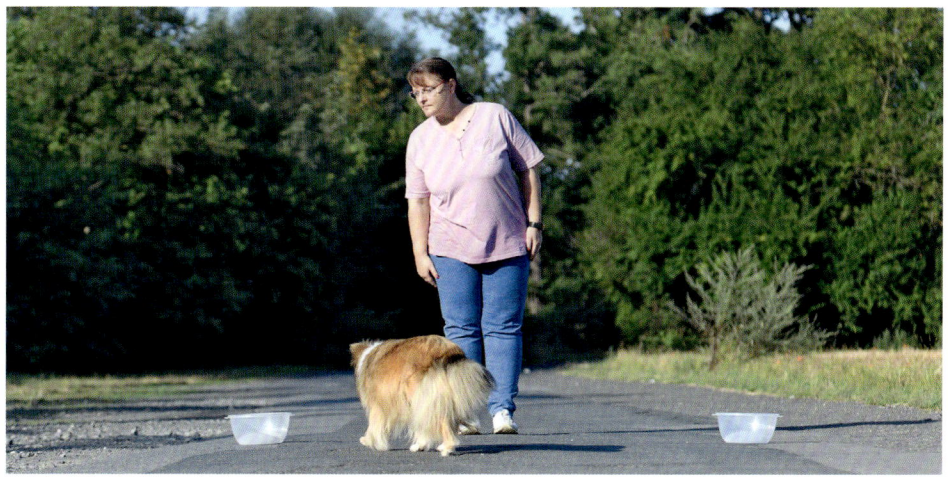

Der Blick ihres Zweibeiners verrät Cindy, zu welchem von beiden es sich zu gehen lohnt.

Übung
Vorbeugen

Der Oberkörper ist nicht gerade unauffällig: Im Verhältnis zum ganzen Körper hat er eine recht große Fläche. Zusätzlich ragt er hoch über die Hunde hinaus – da wundert es nicht, dass er eine starke Wirkung hat.

Menschen neigen dazu, sich zum Hund herunterzubeugen, nicht selten wird er dadurch versehentlich weggeschickt. Auch wirkt der Oberkörper an sich für manchen Vierbeiner sehr respekteinflößend, womit er schnell als zu nah empfunden werden kann. Zu wissen, wie dieses Körperteil auf den eigenen Hund wirkt, kann für manch eine Situation sehr von Vorteil sein. Interessant hierbei sind die unterschiedlichen Reaktionen auf den vorgebeugten geraden und den gekrümmten Oberkörper.

Beim gerade vorgestreckten Oberkörper weist die gedachte Pfeilspitze auf einen entfernter liegenden Fleck.

Der Hund orientiert sich bei einem gekrümmten Oberkörper eher auf eine Stelle nahe der Fußspitzen.

Orientierung nach vorne

Stehen Mensch und Hund parallel nebeneinander, wird zwar zu Beginn eine Frontalhaltung vermieden, allerdings liegt die Orientierung dann doch im frontalen Bereich des Menschen. Durch die zusätzliche Größe des sich beugenden Oberkörpers kann es durchaus geschehen, dass ein Hund erst überlegt, ob er wirklich dorthin gehen möchte. Lassen Sie sich und Ihrem Hund ruhig Zeit!

Das Ziel
Das Vorbeugen des Oberkörpers bewirkt ein Vorausgehen des Hundes.

Schritt für Schritt
1. Sie stehen entspannt parallel neben Ihrem Hund.
2. Um sich der Aufmerksamkeit Ihres Hundes sicher zu sein, können Sie auch leicht Kontakt zu ihm aufnehmen.
3. Ihr gerader Oberkörper beugt sich nach vorne.

Oder:
1. Sie stehen entspannt parallel neben Ihrem Hund.
2. Beugen Sie den Oberkörper gekrümmt nach vorne.

Es lässt sich sehr gut beobachten, inwiefern der imaginäre Pfeil bewertet wird. Er zeigt bei dem gekrümmten Oberkörper eher direkt vor die Fußspitzen und beim gerade vorgebeugten Oberkörper auf eine Stelle, die ca. 1 Meter entfernt ist. Entsprechend orientieren sich die Hunde.

Hund herbeiholen

Viele Hunde nähern sich nicht direkt, wenn der Oberkörper vorgebeugt wird. Bei dieser Variante entfällt größtenteils diese Reaktion.

Das Ziel
Das Herbeikommen des Hundes wird durch das gekrümmte Beugen des Oberkörpers unterstützt.

Schritt für Schritt
1. Sie stehen in leichtem Abstand mit gerader Haltung entspannt Ihrem Hund gegenüber.
2. Um sich der Aufmerksamkeit Ihres Hundes sicher zu sein, können Sie auch leicht Kontakt zu ihm aufnehmen.
3. Beugen Sie den Oberkörper gekrümmt nach vorne.

Da in diesem Fall der gedachte Pfeil vor Ihre Füße zeigt, orientiert sich der Hund ebenfalls dorthin und wird somit zu Ihnen gezogen.

Gegensignal	Mögliche Unterstützung
Frontale Haltung zum Hund	**Richtungsanzeige** > Arme und Hände bleiben locker > Kein direkter Blickkontakt > Blick zeigt ebenfalls dorthin > Finger zeigt ebenfalls dorthin **Bewegung animieren** > Kopf nach hinten ziehen > Lockere Hand/Arm nach hinten ziehen > Rückwärtsgehen

Zurücklehnen

Nicht immer hält es ein Hund aus, in den engeren Aktionsradius des Menschen zu kommen. Die Wirkung des Oberkörpers kann hierbei förderlich sein, sofern sie richtig eingesetzt wird.

Manch einem Vierbeiner bedeutet das Vorbeugen – auch bei fehlender Anspannung – eine zu große Nähe. Seine Annäherung erfolgt dann nur zögernd oder gar nicht. Ein Zurücklehnen des Oberkörpers hingegen vergrößert den Raum zwischen dem Hund und dem Menschen.

Gegensignal	Mögliche Unterstützung
Frontale Haltung zum Hund	> Gleichzeitiges Zurückziehen beider Schultern > Arme und Hände bleiben locker > Kein direkter Blickkontakt > Arme werden nach hinten gehalten

Übung
Hund herbeiholen

Das Ziel
Das Herbeikommen des Hundes wird durch das Zurücklehnen des Oberkörpers unterstützt.

Schritt für Schritt
1. Sie stehen in leichtem Abstand mit gerader Haltung entspannt Ihrem Hund gegenüber.
2. Um sich der Aufmerksamkeit Ihres Hundes sicher zu sein, können Sie auch leicht Kontakt zu ihm aufnehmen.
3. Lehnen Sie den Oberkörper nach hinten.

Der gedachte Pfeil weist in diesem Fall auf den Bereich hinter Ihnen und lenkt die Orientierung des Hundes dorthin.

Sunny würde das Näherkommen wahrscheinlich leichter fallen, wenn der Oberkörper leicht zurückgelehnt wäre.

Überleitungen

Was für den Menschen wie eine Bagatelle wirkt, kann auf den Hund einen großen Einfluss haben. Die Wirkung von Überleitungen ist deshalb nicht zu unterschätzen.

Auf manch einen Hund wirkt das Sehen eines Signals als zu abrupt, es kommt für ihn zu überraschend und löst Nervosität aus. Andere Hunde sind sich nicht sicher, ob das, was sie sehen, auch wirklich so gemeint ist, und zögern mit ihrer Reaktion trotz erhöhter Aufmerksamkeit. Eine Überleitung wirkt dem entgegen. Sie fungiert als eine Art Brücke, die zwei Situationen miteinander verknüpft, sodass diese fließend ineinander übergehen können. Eine Überleitung ist ein angedeutetes kleines Signal, das gewissermaßen der eigentlichen Übung bzw. Handlung vorgreift und sie dadurch einleitet.

Überleitungen sind nicht kompliziert. Bewährte Signale hierfür wären zum Beispiel für einen Richtungswechsel ein schon vorangehender Blick, ein feines Vorschieben des Kopfes, eine kleine verweisende Handbewegung oder eine Kniebewegung. Aber auch ein entsprechendes Schulterzucken oder eine Fußdrehung können durchaus hilfreich sein. Im Prinzip kann es auch ein Detail sein aus der Übung selbst, welches quasi früher als alles andere erscheint.

Mit den nachfolgenden Basisübungen ergibt sich die Möglichkeit, den Einsatz von Überleitungen zu versuchen. Für einen guten Überblick ist der Übungsablauf wieder in Aufzählungsform dargestellt. Eine Überleitung ist nicht immer nötig und wird in farbiger Schrift dargestellt.

Das Anhalten wird noch während des Gehens angekündigt. Als Überleitung dient in diesem Fall das Hinwenden des Kopfes zum Hund.

Übung

Gemeinsam gehen und stehen bleiben

Während des Gehens die Aufmerksamkeit aufeinander zu halten, ist keine Selbstverständlichkeit. Gemeinsames Losgehen und Stehenbleiben sind daher eine gute Grundlage zum Stopp am Straßenrand, aber auch für die Leinenführigkeit.

Zu Beginn sollte das Nebeneinandergehen nicht länger als 3 bis 4 Schritte dauern. Bei unruhigen Hunden können sogar 1 bis 2 Schritte vollkommen ausreichen. Hierbei hilft der vorwärts gehaltene Blick zur Unterstützung der Laufrichtung. Manchen Hunde hilft zwischendurch ein kurzer Blickaustausch. Sollte Ihr Hund nicht mitkommen, so wiederholen Sie Ihren Versuch einfach noch einmal. Sofern Ihr Hund angeleint ist, achten Sie bitte darauf, dass er nicht gezogen wird. Der Oppositionsreflex wird hierdurch vermieden.

Übungsvariante 1
Beginn und Abschluss parallel nebeneinander

Die nachfolgende Vorgehensweise scheint auf den ersten Blick schwach in ihrer Wirkung zu sein. Die eigene Konzentration auf die einzelnen Faktoren der Aufgabe bewirkt allerdings eine große Ruhe, die durchaus auf den Hund ausstrahlen kann.

Das Ziel
Ein gemeinsames Nebeneinandergehen wird mit sanften Signalen unterstützt.

Schritt für Schritt
Losgehen:
1. Sie stehen entspannt parallel neben Ihrem Hund.
2. Um sich der Aufmerksamkeit Ihres Hundes sicher zu sein, können Sie auch leicht Kontakt zu ihm aufnehmen.
3. Ihr Blick geht vom Hund nach vorne/ Sie machen eine leichte Handbewegung vorwärts/nicken mit dem Kopf nach vorne/...
4. Beugen Sie Ihren geraden Oberkörper minimal nach vorne.
5. Gehen Sie und Ihr Hund parallel zueinander los.

Anhalten:

6. Um sich der Aufmerksamkeit Ihres Hundes sicher zu sein, können Sie leicht Kontakt zu ihm aufnehmen.

7. Ihr Blick geht zum Hund/Ihr Blick oder Ihr Finger deutet auf den Punkt, an dem angehalten wird/...

8. Richten Sie Ihren Oberkörper auf.

oder:

9. Atmen Sie tief ein (hierdurch richtet sich der Oberkörper automatisch auf; zusätzlich erwirkt dies beim Hund durch die Wahrnehmung des Atemgeräusches und des Aufrichtens ein leichtes Ansprechen).

10. Bleiben Sie gemeinsam parallel stehen.

Gegensignal	Mögliche Unterstützung
> Abruptes Anhalten ist überraschend > Alle weiteren Signale weisen weiterhin nach vorne in die Laufrichtung	> Verlangsamung der letzten 1–2 Schritte > Blick geht nach unten zum gedachten Haltepunkt > Schultern leicht zurücknehmen > Leichtes Zurücknehmen des Kopfs

Übungsvariante 2
Beginn und Abschluss einander zugewandt

Die Wirkung dieser Variante auf die Hunde ist wesentlich stärker. Unter Menschen zeigt das Zu- und Abwenden im Gehen beim Gesprächspartner die gleiche unbewusste, aber einfache Wirkung des Anhaltens. Voraussetzung ist, dass eine gewisse Distanz hierbei nicht unterschritten wird. Optimal wirkt das Zuwenden, wenn beide auf gleicher Höhe sind.

Das Ziel
Starten und Anhalten werden mithilfe eines deutlichen Signals bewusst wahrgenommen.

Schritt für Schritt
Losgehen:

1. Sie stehen entspannt neben Ihrem Hund und sind ihm zugewandt.

2. Um sich der Aufmerksamkeit Ihres Hundes sicher zu sein, können Sie auch leicht Kontakt zu ihm aufnehmen.

3. Ihr Blick geht vom Hund nach vorne/ Sie machen eine leichte Handbewegung vorwärts/nicken mit dem Kopf nach vorne/...

4. Sie drehen sich in gerader Haltung in die Laufrichtung.

TIPP
. . . .
Gehen Sie mit der Drehung gleichzeitig den ersten Schritt, so erhalten Sie eine starke Dynamik in der Vorwärtsbewegung.
. . . .

Anhalten:

1. Um sich der Aufmerksamkeit Ihres Hundes sicher zu sein, können Sie leicht Kontakt zu ihm aufnehmen.
2. Richten Sie Ihren Oberkörper auf.

oder:

3. Atmen Sie tief ein (hierdurch richtet sich der Oberkörper automatisch auf; zusätzlich erwirkt dies beim Hund durch die Wahrnehmung des Atemgeräusches und des Aufrichtens ein leichtes Ansprechen).

4. Ihr Blick geht zum Hund/Ihr Blick oder Ihr Finger deutet auf den Punkt, an dem angehalten wird/...
5. Sie wenden sich Ihrem Hund zu und bleiben stehen. Achten Sie darauf, dass Sie Ihrem Hund hierbei nicht vor die Pfoten laufen.

Gegensignal	Mögliche Unterstützung
Frontale Haltung zum Hund	> Oberkörper leicht zurücknehmen > Blick geht vom Hund auf den Boden zwischen Ihnen beiden

Vor dem Start weist der Oberkörper als Überleitung schon die gewünschte Richtung an.

Die gesamte Körpersprache unterstützt die gemeinsame Laufrichtung.

Das Hinwenden zum Hund bewirkt sein Anhalten.

Wie versteht uns der Hund?

Auf welche Weise und in welchem Maß die körpersprachlichen Signale bewertet werden, ist immer abhängig vom jeweiligen Hund.

Anhand der Basisübungen ist sehr gut zu erkennen, dass durch die Körpersprache Richtungen angezeigt werden. Dies geschieht durch einzelne, feste Signale wie einem konstanten, unbewegten Fingerzeig oder durch entsprechende räumliche Bewegungen, etwa einem Schritt oder einer ausholenden Armbewegung. Der jeweilige Schwerpunkt der einzelnen Übungen liegt auf einem einzelnen Signal, alles andere verharrt in seiner ursprünglichen Form. Somit wird der Fokus auf diese eine, sich verändernde Richtungsanzeige gezogen. In Kombination mit der übrigen Ausstrahlung liegt es im Ermessen des Hundes, wie viel Bedeutung dieses Signal hat. Allerdings ist diese Kombination allein nicht immer ausschlaggebend. Viele Hunde favorisieren regelrecht bestimmte Gesten und bewerten diese als wichtiger als die anderen. Manch einer blendet sogar alle anderen aus und orientiert sich fast ausschließlich an dieser einen Information, die für ihn eine unglaublich große Relevanz hat. Da kann sich der Mensch beispielsweise noch so anstrengen und perfekt positionieren, um seinem Hund zu zeigen, dass er in eine bestimmte Richtung gehen soll: Zeigt dieses eine Signal in eine andere Richtung, versteht er den Sinn des Ganzen nicht.

Tendenzen auslösen

Grundsätzlich aber lässt sich zusammenfassen, dass **unterschiedliche Signale das Gleiche aussagen können**. Die Orientierung in eine bestimmte Richtung kann verschiedentlich unterstützt werden, sei es mit einem Fingerzeig, einer Schulterdrehung, dem Zeigeblick, dem Anheben des Kinns, einer veränderten Fußstellung oder aber einer gesamten Bewegung wie dem Zurücklehnen des Oberkörpers oder ganzen Schritten. Die vorangegangenen Basisübungen ermöglichen einen guten Einblick, durch sie lässt sich ein feines Gefühl entwickeln in Bezug auf die einzelnen Wirkungen.

Die gleichzeitige Ausführung von mehreren Gesten, die die gleiche Information erkennen lassen, ist nicht nur möglich, sondern empfehlenswert.

WICHTIG

Je weniger Widerspruch die einzelnen Signale zueinander haben, umso verständlicher und weniger verwirrend ist der Mensch für seinen Hund.

Eine ziehende Bewegung mit der Hand würde Benny wahrscheinlich helfen, sich vor seinen Menschen zu stellen.

DIE UMSETZUNG
IM ALLTAG

Ideen und Lösungen bilden

Die eigene Selbstsicherheit wächst während des bewussten Erprobens der diversen Kommunikationswege. So vergrößert sich das Portfolio der Möglichkeiten, im „wahren Leben" souveräner reagieren zu können.

Im Alltag reichen häufig Kleinigkeiten, die Belange seines Hundes besser zu berücksichtigen und von ihm besser verstanden zu werden. Mittels der Körpersprache kann ihm bedeutet werden, ein Stückchen vorzugehen und somit freien Weg zu haben, auf dem Weg bei seinem Menschen zu bleiben oder auf dessen andere Seite zu wechseln. Auch ist es möglich, ihm dabei helfen, die

Um Keela zum Aufstehen zu bewegen, müsste definitiv eine gewisse Aktivität erreicht werden.

versteckten Leckerlis zu finden oder ihn in seiner Ruhe zu unterstützen. Nicht jede Alltagssituation ist aber so einfach gestrickt. Zum einen, weil sie im Gegensatz zu einfachen Übungen häufig länger andauert. Zusätzlich ist die Lage oftmals spannungsgeladen, weil sie sich überraschend verändert und deshalb nicht immer einfach zu beherrschen oder überschaubar ist. Und doch kann der Hundehalter in diesen Momenten vielfach, wenn auch nicht immer, eine Stütze für seinen Hund sein oder gar den besseren Weg zeigen. Andererseits erfordern komplexe Situationen umfangreichere Maßnahmen.

Status quo

Mit den zwei folgenden Fragen ergibt sich ein erster Überblick über die Lage:

Was möchte ich in diesem Moment erreichen?
Das Clevere an dieser Frage ist, dass sie automatisch unseren Fokus auf das, was in diesem Augenblick tatsächlich erreicht werden soll, lenkt. Eventuell auftretende Verneinungen (siehe Seite 18) werden hierdurch automatisch vermieden. Stattdessen werden unweigerlich die passenden Signale gezeigt, die die Orientierung des Hundes in die gewünschten Bahnen lenken können.

Mit anderen Worten: Denken Sie nicht an das, was nicht geschehen soll, sondern fokussieren Sie sich auf das, was tatsächlich erfolgen sollte (siehe Seite 19).

So ersetzt der Gedanke „Hier geht es her" das „Zieh da nicht hin"; aus „Lauf nicht weg" wird ein „Bleib bei mir", und ein „Bleib unten" ist ebenfalls eine gute Alternative für „Spring mich nicht an".

Welche Gemütslage des Hundes wollen Sie unterstützen?
Hier setzen die Rahmenbedingungen die Grundlage für die Antwort, sowohl im Hinblick auf das Temperament des Hundes, als auch auf die momentane Situation selbst. Welche Stimmungslage kann meinem Hund, aber auch mir, helfen, die Lage gemeinsam zu meistern? Ist eine ruhige, länger andauernde Konzentration wichtig oder wird eher eine gewisse Aktivität von Seiten des Hundes eine positive Wirkung zeigen?

Aus diesem Grunde geht es darum, die Körpersprache derartig auszuführen, dass sie den Erregungslevel des Hundes im Hinblick auf die momentane Situation passend beeinflusst. Fragen Sie sich beispielsweise, wie Ihr Hund Ihre Signale wie etwa Ihre Stimme interpretieren könnte und ob diese Interpretation für genau diesen Moment passend wäre.

Mehr dazu ab Seite 65.

Komplexe Bewegungsabläufe untergliedern

Alltagssituationen lassen sich scheinbar nur schlecht in handelbare Einzelschritte, wie in den bisherigen Übungen, untergliedern. Bei genauerer Betrachtung funktioniert das jedoch recht gut.

Ein Beispiel

Eine alltägliche Situation, wie sie Hundehalter häufig erleben, ist die Mitnahme des Vierbeiners aus Distanz. Sie eignet sich gut als Einführung in komplexere Handlungsabläufe. Hierbei werden die Übungen „Hund herbeiholen" und „Nebeneinandergehen" miteinander verknüpft. Zusätzlich verlängert sich die Laufstrecke, sodass eine angemessene Konzentration erforderlich ist. Zum besseren Verständnis ist im Folgenden die Situation wie eine Übung aufgebaut.

Voraussetzung ist hier natürlich, dass der Hund nicht soweit in seiner Gedankenwelt abgetaucht ist, dass nichts anderes mehr zu ihm durchdringt. Allerdings ist dieser Fall wesentlich seltener, als Hundebesitzer vermuten. Häufig ist die Eindeutigkeit unserer Signale und somit deren Wichtigkeit für den Hund nicht zu erkennen, unsere Wünsche werden deshalb schnell übersehen. Achten Sie darum darauf, dass Ihre Handlungen zügig hintereinander erfolgen.

Ausgangssituation

Der Hundehalter möchte weitergehen, der Hund ist jedoch von seinem Halter abgewandt (siehe Grafik 1).

Das Ziel

Der Hund wird aus der Distanz herbeigeholt und läuft gemeinsam mit dem Menschen in eine Laufrichtung.

Aufbau

1. Handlung „Hund herbeiholen" (siehe Grafik 2): Zu Beginn ist eine Kontaktaufnahme und danach eine **Aktivierung** in Ihre Richtung erforderlich. Wie stark diese ausfällt, ist abhängig von der Ablenkung des Hundes. Diese Übung eignet sich hervorragend, um herauszufinden, welche Signale dabei das Mittel der Wahl sind.

2. Handlung „Beidrehen" (siehe Grafik 3): Bei der Drehung in die gewünschte Laufrichtung eignet sich jetzt schon der Übergang in die **ruhige Konzentration.** Signale, wie eine ruhige Stimme, direkter Blickkontakt oder die hingehaltene Hand, helfen Ihrem

Tier, die Distanz nicht wieder zu vergrößern.

3. Handlung „Nebeneinandergehen" (siehe Grafik 4): Ohne Verzögerung gehen Sie in ruhiger Konzentration nebeneinander und **halten** die **Konzentration** aufeinander weiter aufrecht. Auch hierbei können unterstützende Signale wie eine ruhige Stimme, eine gerade Haltung oder eine hingehaltene Hand sehr hilfreich sein.

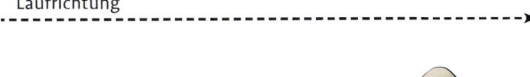

1: Ausgangssituation

Etappen

Anhand dieses sehr praktischen Beispiels lässt sich gut erkennen, dass komplexere Bewegungsabläufe aus mehreren aufeinanderfolgenden Handlungen zusammengesetzt werden. Die Handlungen „Hund herbeiholen" und „Nebeneinandergehen" erfolgen nacheinander und werden durch eine dritte Handlung, „Beidrehen", miteinander verschmolzen. Im Prinzip ist es wie bei einer Wanderung, bei der mehrere Etappen nacheinander abgewandert werden. Eine geänderte Reihenfolge der Etappen ist kaum möglich und macht wenig Sinn.

2: Aktivierung des Hundes

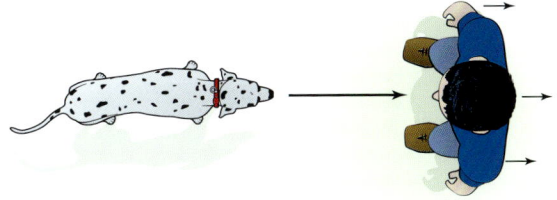

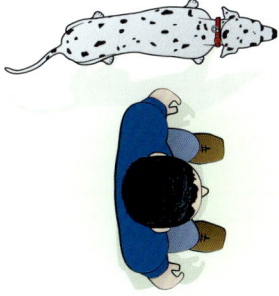

3: Übergang in die ruhige Konzentration

TIPP

Diese Übung ersetzt keinen gut aufgebauten und sicheren Rückruf, eignet sich hierfür allerdings hervorragend als Basis.

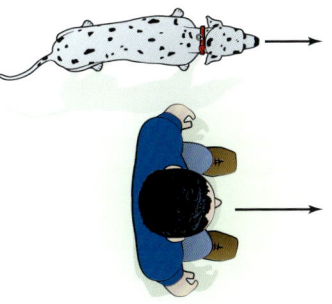

4: Ohne Verzögerung nebeneinandergehen

Zum Herbeiholen wird in diesem Fall ein Handsignal eingesetzt.

Beidrehen: Trotz Abwenden des Körpers bleibt Marleys Aufmerksamkeit mithilfe der hingehaltenen Hand beim Zweibeiner.

Nebeneinandergehen wird mit einer geraden Haltung und dem nach vorne gerichteten Blick unterstützt.

Schematische Darstellung der einzelnen Etappen:

1. Hund herbeiholen
2. Beidrehen
3. Nebeneinandergehen

Mithilfe der Fragen „Was möchte ich in diesem Moment erreichen?" erscheinen die Etappen und ihre Reihenfolge logisch. In diesem Fall sind es drei Antworten:

„Komm zu mir."
= Etappe 1: Hund herbeiholen
„Wir beide gehen dorthin."
= Etappe 2: Beidrehen
„Wir beide gehen zusammen weiter."
= Etappe 3: Nebeneinandergehen

Die Ziele der einzelnen Etappen entsprechenden den Basisübungen wie Mitnehmen, Herbeiholen, Vorschicken und Gemeinsam stehen bleiben. Wie Sie bereits erfahren konnten, können diese mit den verschiedensten Signalen ausgelöst werden. Bitte berücksichtigen Sie, dass es durchaus situationsbedingt Unterschiede geben kann bzgl. der Reaktionen Ihres Hundes. So kann es durchaus geschehen, dass ein anderes Signal wirkungsvoller ist als sonst üblich.

Die Werkzeugkiste des alltäglichen Lebens

Bevor wir nun mit den Übungen für den alltäglichen Umgang starten, möchte ich Ihnen Folgendes mitgeben: Situationen im Alltag kommen sehr vielfältig vor, nicht alle können in diesem Buch aufgegriffen werden, dafür unterscheiden sich unsere Lebensstile und das Umfeld zu sehr. Die Übungen können entsprechend nicht alle Umstände abdecken, die uns irgendwann in unserem Leben widerfahren, das würde den Rahmen dieses Buches und auch den meiner Fantasie sprengen. Und doch werden Sie anhand dessen, was Sie mithilfe der Übungen erleben und erfahren können, „multifunktionelle Werkzeuge" zur Verfügung erhalten. Denn bestimmt wird Ihnen aufgefallen sein, dass sich vieles wiederholt. Letztendlich geht es immer darum, über Richtung zu informieren und, bei Bedarf, Stimmungen zu verändern. Ob Sie Ihren Hund herbeiholen müssen oder sich besser ein Vorschicken anbietet, ob Sie mit ihm nah nebeneinandergehen wollen oder stehen bleiben, und ob es wichtig ist, seine Stimmung zu beeinflussen: Für all das werden Sie dann in der Lage sein, reagieren zu können, durch eine Kombination dieser „Einzelteile", und zwar auf die Ihre und die Ihres Hundes ganz eigene Art und Weise. Naturgemäß nicht in jeder Situation, aber doch in den überwiegenden.

Den Gedanken „Nichts ist in Stein gemeißelt" (siehe Seite 13) möchte ich noch einmal in Erinnerung rufen, da die Reaktionen unserer Hunde auf freie Signale nicht nach festen Vorgaben erfolgen. Optimal wäre es deshalb, ohne Erwartungen in diese Form der Kommunikation zu gehen. Ich persönlich habe mit dieser Einstellung bisher die intensivsten und besten Erlebnisse gehabt.

Verweilen

Entspannung im Alltag herbeizuführen, kann eine große Herausforderung sein. Solche Ruhepausen sind für viele Hunde wie eine Auszeit aus der Hektik und eine wirkliche Bereicherung.

Mit seinem Hund sprechen zu können würde so manches Mal das gemeinsame Leben einfacher machen. Und doch ist es machbar, mit ihm eine Art „Gespräch" zu führen durch eine wechselseitige Abfolge von Signalen. Natürlich sind Feinheiten durch gute Satzstellungen und Grammatik nicht möglich. Wer aber ein bisschen Geduld mitbringt und bereit ist, sich auf seinen Hund als Gesprächspartner einzulassen, wird schnell merken, dass die Bereitschaft seines Vierbeiners von Mal zu Mal wächst, auf diese Art der Kommunikation einzugehen. Die nachfolgende Übung ist hierfür ein gutes Beispiel.

Das Ziel

Es wird möglich, für eine längere Zeit beispielsweise auf einer Parkbank zu sitzen, während der Hund entspannt nebendran verweilt.

INFO

Selbstverständlich ist die Anwendung eines Kommandos wie „Sitz" oder „Platz" ebenfalls geeignet, das Ziel dieser Übung zu erreichen. Die Erfahrung zeigt aber, dass viele Hunde im Kommando nicht entspannen können.

Aufbau in Etappen

1 Orientierung auf die Fläche neben der Parkbank

Zeigen Sie körpersprachlich so lange ruhig auf die Stelle, an der der Hund innehalten soll, bis er dort angekommen ist. Jetzt können Sie die ruhige Konzentration gerne mit einem leisen Lob und/oder einem Lächeln verstärken.

2 Hinsetzen

Während des Hinsetzens werden unweigerlich Signale durch eine Drehung oder das kurze Fixieren der Bank gezeigt, eventuell muss sie sogar abgewischt werden. Dass diese für den Hund unwichtig sind, kann ihm durch eine bleibende lockere Haltung und das vorherige Beenden des Ansprechens vermittelt werden.

Wenn die Unruhe stärker ist

Die wenigsten Hunde verstehen gleich beim ersten Mal, dass jetzt Entspannung angesagt ist, obwohl sie es eigentlich deutlich anhand der Signale erkennen sollten. Der Wechsel von Aktivität direkt in den Ruhemodus fällt ihnen schwer. Ein Vorgehen oder Aufspringen kann deshalb durchaus als eine Nachfrage gesehen werden, frei nach dem Motto: „Ehrlich, hier bleiben wir?"

Ist der Erregungslevel schon von Beginn an sehr hoch, empfiehlt es sich, eine Art Zwischenetappe einzubauen. Geben Sie Ihrem Hund genügend Zeit, und verharren Sie in entspannter Haltung, bevor Sie sich setzen. Vermeiden Sie dabei jegliche Aktivierung und fördern Sie stattdessen eine ruhige Aufmerksamkeit. Ihre Antwort würde also lauten, frei übersetzt: „Ja, hier bleiben wir."

Schafft Ihr Hund es nicht, entspannt zu bleiben, während Sie schon sitzen, ist

Ihre Antwort im Prinzip zweigeteilt:

„Wenn du dorthin gehst ...,"
= Etappe 1 (die erneute Orientierung auf die Stelle neben der Parkbank kann jetzt sitzend erfolgen)

„... dann können wir hierbleiben."
= Etappe 2 (Entspannung beim Hund, während des Verweilens)

Es ist durchaus möglich, ja sogar wahrscheinlich, dass die Nachfrage wiederholt wird. Die Häufigkeit ist abhängig vom Umfeld und der Aufregung des Hundes. Würde jetzt jedes Mal die Reaktion unterschiedlich ausfallen, hätte der Hund keine Möglichkeit, seine eigenen Schlüsse zu ziehen. Es ist deshalb empfehlenswert, die gleiche Antwort zu wiederholen. Eventuell können die einzelnen Signale verfeinert oder ausgetauscht werden, um die gewünschte Interpretation des Hundes zu unterstützen.

Das Verweilen in der zweiten Etappe wird mit einer entspannten Gesamthaltung gefördert.

Übung

Abholen von einer Ablenkung

Ist der Vierbeiner mit etwas sehr Spannendem beschäftigt, ist es schwer, zu ihm durchzudringen. Wer ihn von dieser Ablenkung nicht wegziehen möchte, hat dennoch durchaus eine weitere Alternative.

Das Abholen von Ablenkungen ähnelt der Übung auf Seite 102 sehr. Der Unterschied liegt naturgemäß am Ausgangspunkt, dem starken Interesse des Hundes an dem, was ihn ablenkt. Hier den Fokus umzulenken, ist nicht so ganz einfach und klappt auch nicht immer. Es ist jedoch überraschend, wie viel sich mithilfe einer guten inneren Vorbereitung und einer sauberen Signalabfolge erreichen lässt.

Das Ziel

Trotz Ablenkung gelingt es, den Hund mitzunehmen.

WICHTIG

Die hier angesprochenen Ablenkungen umfassen nicht Extremsituationen wie z.B. den Sexualtrieb oder echtes Jagdverhalten. Hier wird das Training bei einem hierfür ausgebildeten Trainer empfohlen!

Aufbau in Etappen

1 Hund herbeiholen
Je geringer die Distanz zum Gesprächspartner ist, desto besser wird man von ihm wahrgenommen – so allgemein formuliert gilt es sowohl für Zwei- als auch für Vierbeiner. In diesem erschwerten Fall der Ablenkung empfiehlt es sich daher, beim Ansprechen relativ nah beim Hund zu sein. Aber: Achten Sie auf die Reaktionen Ihres Tieres. Denn eine zu schnelle Annäherung oder auch eine zu große Nähe können einem Hund unangenehm werden (bei einer Unterschreitung der Individualdistanz). Als Reaktion darauf kann sich durchaus ein Ausweichen entwickeln, oder die Aufregung des Hundes wird weiter angeheizt. Die dann gewünschte Umorientierung würde kaum erreicht werden.

Ideen für eine optimale Annäherung:
› ruhige Bewegungen
› Herunterbeugen vermeiden
› Beeinflussung der eigenen Stimmung durch neutrale Beobachtung

Das Herbeiholen selbst ist letztendlich eine Aktivierung des Hundes, soll er sich doch in Ihre Richtung bewegen. Diese Handlung erfolgt jedoch möglichst in einer ruhigen Grundstimmung. Ruhige, aber deutliche Signale wie Handzeichen und Rückwärtsschritt haben sich gut bewährt, eine langsame Sprechweise kann wunderbar unterstützen.

2 Beidrehen
Dass unser Hund zu uns gekommen ist,

heißt nicht, dass er auch bei uns bleibt – ist er doch immer noch an der ablenkenden Sache interessiert. Aus diesem Grund kann es durchaus geschehen, dass seine innere Unruhe durch unser Umdrehen (eine schnelle Bewegung fördert Aktivität) verstärkt wird. Es ist deshalb unsere Aufgabe, ihn währenddessen bei uns zu halten. Die Abfolge der folgenden Signale sollte entsprechend zügig, aber ohne Hast, geschehen:

› deutliche Drehung in aufrechter Haltung
› zwei Schritte in die gewünschte Richtung
› Blick geht vom Hund ebenfalls deutlich nach vorne
› evtl. Stimmeinsatz (was ist gewünscht?)
› evtl. Handzeichen

Um die schwierige Aufgabe zu meistern, die Aufmerksamkeit weiter bei sich zu halten, bietet es sich an, eines der obigen Signale quasi als **Überleitung** schon vor der Drehung einzusetzen. Der Stimmeinsatz ist bei jeder Handlung jederzeit möglich und dadurch ein hierfür hervorragendes Mittel.

3 Nebeneinandergehen
Noch ist die Ablenkung nicht vergessen. Trotz aller guten, die Richtung unterstützenden Signale, kann es Ihrem Hund immer noch sehr schwerfallen, mitzukommen. Loben Sie ihn während des Gehens für sein Mitkommen und schaffen Sie engen sozialen Kontakt zu ihm. Ein freundlicher Blick, ein kleines Lächeln und auch Ihre Freude über ihn werden ihm guttun und ihm helfen, bei seiner Entscheidung, Ihnen zu folgen, zu bleiben.

Ablenkungen können vielfältig sein.

„Komm, wir gehen zusammen" ist ein Gedanke, der das Mitkommen unterstützt.

Beidrehen erfolgt relativ schnell nach einer kurzen Strecke.

Übung
Im Gehen kurz Herbeiholen

Manch kurze Handlung verhindert unnötigen Stress. Und fördert zusätzlich – ganz nebenbei – die soziale Bindung zueinander mittels eines entspannten und gemeinsamen Augenblicks.

Beim Laufen an der Leine geht es nicht immer darum, die Konzentration aufeinander zu halten oder dauerhaft ordentlich nebeneinander herzugehen. Oft wird unterwegs doch eher einfach nur gebummelt und entspannt. Manchmal aber ist es gut, für einen Moment seinen Hund zu sich holen zu können. Und sei es nur, damit die Leine nicht an einem Gegenstand hängen bleibt oder um im Freilauf einen Jogger vorbeizulassen, ohne dass dieser um den Vierbeiner herumlaufen muss.

Das Ziel

Ohne das Gehen (an der Leine) zu unterbrechen, wird der Hund für einen Moment herangeholt.

Aufbau in Etappen

1 Hund herbeiholen
Da in diesem Fall keine stärkere Ablenkung vorliegt, ist es durchaus möglich, dass Sie das Ansprechen und Herbeiholen während des Gehens durchführen können. Sollte allerdings Zug auf der Leine entstehen, ist ein Stehenbleiben zu empfehlen, sofern die Situation es zulässt. Der ansonsten entstehende Oppositionsreflex würde das Ziehen in die exakt unerwünschte Richtung bewirken (siehe Seite 17). Beginnen Sie die Kontaktaufnahme während des Gehens, um das anschließende Herbeiholen ausführen zu können.

2 Nebeneinandergehen
Das **Halten der Konzentration** durch soziale Signale wie dem leisen Sprechen, einem Blickkontakt oder einem Lächeln fördert in diesem Moment das gemeinsame Gehen, trotz des vorhandenen Hindernisses bzw. der bestehenden, wenn auch leichten Ablenkung.

3 Entspanntes Weitergehen
Nachdem Sie die Situation sozusagen umschifft haben, laufen Sie einfach wie vorher weiter.

Eine typische Situation: Ginge das Mensch-Hund-Team weiter, würden sie durch die am Pfosten hängen bleibende Leine ausgebremst.

Durch ein vorausschauendes Herbeiholen, in diesem Fall mittels der Hand, ist ist die „Gefahr" gebannt.

Übung

Richtungsänderung beim Gehen

Selbst bei einem aufmerksamen An-der-Leine-laufen verwirren abrupte Handlungen unsererseits durchaus unsere Hunde. Eine vorausgehende, kurze Information kann dieses verhindern.

TIPP
....

Im Freilauf funktioniert die Richtungsänderung wie hier beschrieben. Allerdings ist die Aufmerksamkeit des Hundes auf seinen Menschen naturgemäß eher geringer, sodass er vor „Nebeneinandergehen" zusätzlich herbeigeholt wird.
....

An der Leine halten viele Hunde einen gewissen Abstand zu ihrem Menschen, obwohl sie sonst gerne enger dabei sind. Das kann viele Gründe haben. Eventuell erreichen sie so einen gewissen Spielraum, der benötigt wird, wenn, für sie überraschend, die Richtung geändert wird. Die meisten Vierbeiner schließen sich aber automatisch wieder enger an, wenn sie nicht mehr damit rechnen müssen, dass ihnen öfter vor die Pfoten gelaufen wird.

Vielleicht aber liegt es auch einfach nur daran, dass die Hunde, trotz der Aufmerksamkeit auf ihre Menschen, im Hinterkopf all die vielen Eindrücke verarbeiten, die auf sie einwirken. Gerüche, Geräusche und Bewegungen in ihrem Umfeld werden von ihnen wesentlich stärker wahrgenommen als von uns Zweibeinern.

Falls Ihr Hund sich nicht wieder enger anschließt, können Sie mit einem kleinen, rechtzeitig gesetzten Signal da nachhelfen.

Das Ziel
Während des Gehens schlägt der Hund gleichzeitig mit seinem Menschen eine andere Richtung ein.

Aufbau in Etappen
1 Nebeneinandergehen
Voraussetzung ist hier natürlich, dass Sie beide nebeneinander unterwegs sind. Klappt das noch nicht, üben Sie am besten das „Gemeinsam gehen und stehen bleiben" von Seite 90.

2 Orientierung in neue Richtung
Im Grunde stellt diese Etappe eine **Überleitung** dar. Bei fehlender Aufmerksamkeit ist ein leichtes Ansprechen, das bei einer Überleitung normalerweise aber nicht nötig ist, doch von Vorteil und wird extra eingebracht. Direkt danach kommt dann ein kleines Signal, das den Fokus in die neue Richtung lenkt. Dies könnten sein:
› Blick schweift in die gewünschte Gehrichtung

› ein Fuß dreht sich leicht
› eine Schulter dreht sich
› Kopf wenden
› Fingerzeig oder leichte Handbewegung

Hier kommen Ihnen Ihre Erkenntnisse aus dem ersten Erproben Ihrer Richtungsanzeigen (siehe Seite 60) zugute. Denn Ihre Erfahrungen sagen Ihnen, ob Ihr Innen- oder Außenbereich besser geeignet ist für den Einsatz von Hand, Schulter oder Fuß. Die Einwirkungen auf Ihren Hund können enorm unterschiedlich sein.

3 Richtungsänderung
Erfolgt unmittelbar nach Etappe 2.

Hier wird vor dem Richtungswechsel eine Kopfbewegung als Überleitung gewählt.

Mithilfe der Überleitung kann sich Sunny dem Richtungswechsel stressfrei anschließen.

Übung

Schwierigere Begegnungen meistern

Begegnung mit Fahrradfahrern, Fuß-
gängern und anderen Hunden halten
zwar nie lange an und doch können
sie spannend sein – für den einen Hund
mehr, für den anderen weniger.

Durch ein wenig vorausschauendes
Handeln verringern sich Überraschun-
gen deutlich. In dem unten stehenden
Beispiel läuft der angeleinte Hund, wie
es überwiegend üblich ist, auf der linken
Seite.

Übungsvariante 1
Situation entschärfen

Diese Übungsvariante ist für Hunde mit
einem höheren Erregungslevel gedacht
und beinhaltet ein Abwarten, bis die
Begegnung beendet ist. Vom Ablauf her
ist sie zwar umfangreich, ermöglicht
auf diese Weise jedoch eine bessere Kon-
trolle der Situation.

Das Ziel
Ein direktes Zusammentreffen wird
verhindert und mittels kontrolliertem
Abwarten beendet.

Aufbau in Etappen
1 Hund herbeiholen
Bei rechtzeitiger Sichtung des Heran-
nahenden ist die Situation aufgrund der
größeren Entfernung noch nicht wirklich
schwierig. Das Herbeiholen des Hundes
selbst sollte darum relativ sauber ablau-
fen können. Halten Sie den Fokus Ihres
Vierbeiners möglichst auch nach dieser
Etappe dauerhaft, denn die Situation
ist dann ja noch nicht beendet. Ein Herbeiholen während des Gehens hat den
Vorteil, dass diese Bewegung nahtlos in
Etappe 2 übergehen kann.

Bei Bedarf mögliche Überleitungen:
Stimmeinsatz/Handzeichen/Blick beim
Hund für soziale Bindung/rechte Schul-
terdrehung nach hinten

2 Gemeinsame Drehung nach rechts
Direkt nach dem Herbeiholen halten
Sie Ihren Hund, während Sie sich mit
ihm drehen, auf Ihrer linken Seite. Mit
den folgenden Signalen können Sie ihn
unterstützen:
› deutliche Drehung in aufrechter
Haltung
› Blick geht vom Hund nach rechts
› evtl. Handzeichen
› evtl. Stimmeinsatz
(Was ist gewünscht?)
Jetzt stehen Sie zwischen Ihrem Hund
und dem Näherkommenden.

3 Abwarten

Tatsächlich ist das Abwarten die schwierigste Etappe – ist das Gelingen doch abhängig vom Temperament des Hundes, von der Art der Begegnung und dem sich daraus ergebenden Schwierigkeitslevel. Unterstützen Sie deshalb Ihren Hund bei beginnender Unruhe, seinen Fokus auf Sie gerichtet zu halten. Ihn aktiv zu blocken oder gar abzudrängen löst wahrscheinlich Aktivität aus. Hilfreich können jetzt Signale sein, die eine ruhige Konzentration fördern (siehe Seite 66). Zusätzlich hilft in den überwiegenden Fällen eine **aufrechte Haltung** mit einer gewissen, aber nicht zu starken Körperanspannung, die Souveränität vermittelt.

Außerdem ist zu empfehlen, auf den eigenen **Blick** zu achten, denn er kann sowohl die Ruhe zusätzlich fördern als auch für Unruhe sorgen. Während der Blick zum Nahenden von dem einen Hund als ein Hinschicken interpretiert wird, gibt er dem anderen eher ein Gefühl der Sicherheit, zeigt es ihm doch, dass sein Mensch alles im Blick hat. Für andere wiederum ist es wichtig, den Blickkontakt zwischen sich und seinem Menschen zu halten und so einen sozialen Halt zu haben.

Übrigens hat Ihre **Positionierung** eine entsprechende Bedeutung: Sowohl beim Hinwenden zum Herkommenden als auch dem Abwenden von ihm geben Sie körpersprachlich eine Richtung an. Hier liegt es wieder sozusagen im Auge des Betrachters, in diesem Fall also in dem Ihres Hundes, wie er die Richtungsanzeige interpretiert – als ein Hinschicken, ein Erhalten des Überblicks oder des Kontakthaltens.

INFO

Eine weitere Möglichkeit während des Abwartens ist das Abwenden des Hundes vom Näherkommenden. Mittels kleiner fester Signale wie einem Fingerzeig oder fortlaufenden wie einem kleinen Schritt oder einem weisenden Blick wird der Fokus des Hundes in eine andere Richtung gelenkt.

Nicht für jeden Hund ist die beschriebene Herangehensweise die optimalste Möglichkeit, diese Situation ruhig bewältigen zu können. Und nicht immer ist ausreichend Platz vorhanden, um sie derart durchzuführen. Ist es für den einen Hund wichtig, dem Ganzen den Rücken kehren zu können, muss der andere das Gefühl haben, immer noch die Situation überblicken zu können, um so vor unliebsamen Überraschungen gefeit zu sein. Zusätzlich wird seine optimale Platzierung häufig von seinen Bedürfnissen beeinflusst: Der Stand des Hundehalters zwischen dem Näherkommenden und seinem Hund ist für die überwiegenden Hunde perfekt, wirkt es doch wie ein sicheres Bollwerk. Andere wiederum werden ruhiger, wenn sie zwar selbst dazwischenstehen, ihrem Menschen zugewandt sind und dieser die Situation perfekt im Auge behalten kann. Entsprechend können Hin- und Abwendung und Positionierung, sowohl von Mensch und Hund zueinander als auch zum Herankommenden selbst, unterschiedlich ausfallen.

Das Herbeiholen von Paddy geschieht, bevor die Begegnung zu eng wird.

Die gemeinsame Drehung orientiert Paddy in die gewünschte Richtung und hält zugleich den sozialen Kontakt zu seinem Menschen.

In dieser Position können viele Hunde eine Begegnung aushalten.

4 Beenden der Situation
Ein abruptes Beenden kommt für viele Hunde zu überraschend.

Ideen für **Überleitungen**: Blick zum Hund/ruhiges Loben/Hinwendung zum Hund

Mit den folgenden Signalen können Sie Ihrem Vierbeiner das Beenden signalisieren:
› lockere Körperhaltung
› kleines Signal in die gewünschte Richtung
› losgehen

Übungsvariante 2
Verhindern einer direkten Begegnung

Diese Variante ist sehr gut für Hunde geeignet, die beispielsweise bei einer Begegnung mit einem Artgenossen relativ entspannt bleiben können. Hierbei wird kein Abwarten eingeplant.

Das Ziel
Einem nicht erwünschten direkten Kontakt wird vorgebeugt.

Aufbau in Etappen
1 Hund herbeiholen
Erfolgt diese Handlung im Gehen, so ist mit Blick auf Etappe 2 nun ein gemeinsames Anhalten als **Überleitung** sinnvoll.

2 Hund wechselt die Seite
Ihrem Hund erleichtern Sie den Seitenwechsel, wenn Sie diesen im Stehen vollziehen. Beim Wechsel im Gehen würden gleichzeitig zwei verschiedene Richtungen signalisiert und möglicherweise

eine Unruhe fördern: Denn zum einen zeigt die entsprechende Vorwärtsbewegung ein Geradeaus an, zum anderen würde jedoch aktiv die Orientierung auf die andere Seite gelenkt. Nach dem Seitenwechsel befinden Sie sich zwischen Ihrem Hund und dem Nahenden.
Ideen für **Überleitungen** zu Etappe 3: Blick zum Hund/Hinwendung zum Hund/Stimmeinsatz.

3 Gemeinsam weitergehen
Das Verbleiben des Hundes auf der rechten Seite kann bei Bedarf unterstützt werden. Es eignen sich nach rechts weisende Signale wie eine leichte Drehung der Schulter oder des Kopfes, manches Mal ist ein einzelner, zum Hund gedrehter Fuß eine große Stütze für ihn.

Übung

Restaurantbesuch

Für Hunde aufregende Lebensbereiche können durch ein vorausschauendes Management gleich von Beginn an entspannt und unsere Vierbeiner dadurch deutlich entlastet werden.

Aufregende Lebensbereiche gibt es zuhauf, ein Restaurantbesuch jedoch ist für viele Hunde sehr faszinierend, für manch einen sogar eine große Schwierigkeit aufgrund des riesigen Wirrwarrs an Eindrücken, welche er durch seine feinen Sinne erhält. Da wird geredet und gelacht, Stühle werden geschoben, Füße scharren über dem Boden und ununterbrochen ertönt das Geklirr von Geschirr und Besteck. Hinzu kommt die Vielzahl an Gerüchen, die für die Hundenase eine echte Herausforderung darstellt. Nicht nur die Essensdüfte steigen ihm in die Nase. Auch die Witterung sämtlicher Personen, die sich in diesem geschlossen Raum aufhalten oder vorher aufgehalten haben, stürmen mit einem Schlag auf ihn ein. Nicht zu vergessen ist das Sichtfeld des Hundes: Dadurch, dass seine Augenhöhe wesentlich niedriger liegt als die menschliche, erfährt er eine vollkommen andere Perspektive des Raumes. Er sieht ruhige, scharrende oder gehende Füße, umgeben von unzähligen Tisch- und Stuhlbeinen. Und eventuell erblickt er, im Gegensatz zu seinem Menschen, auch schon das ein oder andere Hundeaugenpaar, das ihn beobachtet.

Ein Restaurantbesuch bedeutet für Hunde ein großes Durcheinander an Eindrücken durch viele unbekannte Personen, Essensgerüche und Geräusche.

Hunde sind nicht alle gleich. Dem einen kommt es sehr entgegen, nicht lange im Eingangsbereich zu verweilen, sondern stattdessen sofort zum Tisch zu gehen; der andere braucht einen Moment, um sich zu sammeln. Hat der eine Vierbeiner so gar keine Probleme, einfach mitzukommen und an den anderen Tischen vorbeizugehen, so ist der andere froh, sich an unterstützenden Signalen seines Menschen orientieren zu können. Die nächste Fellnase mag sich mit Gelassenheit ihr Plätzchen am Tisch selbst aussuchen; für die andere wiederum ist es hilfreich, von seinem Menschen zu erfahren, auf welchem Fleckchen sie ihre Ruhe finden kann. Der Restaurantbesuch ist folglich ein gutes Beispiel dafür, wie verschieden die jeweiligen Alltagssituationen angegangen und bewältigt werden könnten.

Im Folgenden beschreibe ich mögliche Etappen und erläutere sie ganz allgemein formuliert entsprechend. Sie kennen Ihren Hund am besten und können einschätzen, was er braucht – nehmen Sie sie darum als Anregung, ohne den Blick auf die jeweilige Gesamtsituation zu verlieren.

Das Ziel

Der Hund wird mithilfe von unterstützenden Signalen durch ein Restaurant geleitet. Unnötigen Anspannungen wird somit vorgebeugt.

Aufbau in Etappen

1 Eintritt

Zu Beginn einer unbekannten Situation macht es genau genommen Sinn, sich einen Überblick zu verschaffen – das gibt dem Hund Sicherheit. Diesen Eindruck zu vermitteln ist relativ einfach: Eine aufrechte, aber nicht zu angespannte Haltung und ein ruhiger Rundumblick zeigen eine interessierte und selbstsichere Aufmerksamkeit.

2 Zum Tisch gehen

Tatsächlich gibt es Hunde, die sich an eine stramm gehaltene Leine so gut gewöhnt haben, dass sie sich von ihr ohne großen Stress führen lassen können. Sie laufen ihr sozusagen automatisch hinterher und können dabei die Umgebung im Blick haben, ohne zu bemerken, wohin der Weg sie gerade führt. Den überwiegenden Hunden jedoch fällt der Gang durch all das Gewirr nicht leicht. Mit der Übung „Gemeinsam gehen und stehen bleiben" (siehe Seite 90) ergibt sich ein guter Anhaltspunkt für den Weg zum Tisch. Eventuell sind kurze Hinweise wie bei „Richtungsänderung beim Gehen" (siehe Seite 110) zusätzlich hilfreich, um in dem engen Umfeld ein Treten auf die Pfoten zu vermeiden. Kleine Blickkontakte zwischendurch oder ein kurzer Stimmeinsatz geben zusätzliche Sicherheit durch die emotionale Bindung, die hierdurch entsteht.

3 Am Tisch

Am Tisch angekommen gilt es, die Jacken auszuziehen und Platz zu nehmen, um danach den gemütlichen Teil des Abends zu genießen. In den allermeisten Restaurants lässt die Bedienung dem Gast ein wenig Zeit hierfür. Jetzt bietet sich die Übung „Verweilen" (siehe Seite 104) als idealer Leitfaden an, lediglich die Umstände sind ein klein wenig anders. Aus Erfahrung zu wissen, dass das zugewiesene Plätzchen Ruhe verspricht, lässt Hunde schneller entspannen als ohne diese Rückendeckung.

4 Verlassen des Restaurants

Im Prinzip handelt es sich um die gleiche Vorgehensweise wie unter Etappe 2 beschrieben. Einziger Unterschied ist die Tatsache, dass nach dem längeren Aufenthalt viele Hunde sehr aufgeregt sind, an der Leine ziehen und zwischen den Beinen herumwuseln. Um zu vermeiden, mit einem vierbeinigen Flummi das Restaurant zu verlassen, der seinen Menschen unter Umständen sogar zum Stolpern bringt, ist es empfehlenswert, eine erhöhte und ruhige Aufmerksamkeit des Hundes auf sich zu erlangen (Konzentration halten, siehe Seite 65).